新能源系列——风能专业规划教材

风电设备基础

马宏革　王亚非　主编

化学工业出版社

·北京·

内容提要

本书全面系统地介绍了风力发电设备的基本结构和工作原理,具体内容包括风轮系统、传动系统、偏航系统、液压系统、刹车系统、发电机和电气设备、控制系统和安全保护系统、塔架和基础等。

全书内容通俗简练,系统翔实,图文并茂,可作为高等学校风电专业及风电相关专业课程的教材,也可供风力发电、电气自动化技术等专业的工程技术人员参考。

图书在版编目(CIP)数据

风电设备基础/马宏革,王亚非主编 . —北京:化学工业出版社,2012.8(2023.6重印)
新能源系列——风能专业规划教材
ISBN 978-7-122-15009-7

Ⅰ.①风… Ⅱ.①马…②王… Ⅲ.①风力发电-电气设备-高等学校-教材 Ⅳ.①TM614

中国版本图书馆 CIP 数据核字(2012)第 173720 号

责任编辑:刘 哲　　　　　　　　　　　　　文字编辑:吴开亮
责任校对:吴 静　　　　　　　　　　　　　装帧设计:韩 飞

出版发行:化学工业出版社(北京市东城区青年湖南街 3 号　邮政编码 100011)
印　　装:北京七彩京通数码快印有限公司
787mm×1092mm　1/16　印张 9¾　字数 226 千字　2023 年 6 月北京第 1 版第 5 次印刷

购书咨询:010-64518888　　　　　　　　　售后服务:010-64518899
网　　址:http://www.cip.com.cn
凡购买本书,如有缺损质量问题,本社销售中心负责调换。

定　　价:28.00元　　　　　　　　　　　　　　　　　　　版权所有　违者必究

前　言

风能是一种可再生的自然能源，是太阳能的一种转化形式。太阳的辐射造成地球表面受热不均匀，引起大气层中压力分布不均匀，从而使空气沿水平方向运动，空气流动形成风能。据估计，地球上的风能理论蕴藏量约为 2.74×10^9 MW，可开发利用的风能为 2×10^7 MW，是地球水能的 10 倍，只要利用地球上 1% 的风能就能满足全球能源的需要。

风能是人类利用历史最悠久的能源和动力之一。在风力发电之前，风能主要用于风帆助航、风车提水、风力磨坊等。1745 年荷兰人 Edmund Lee 发明了旋转机头，获得了专利，并成功地应用于荷兰风力磨坊；1887 年冬，美国人布拉什（Brush）安装了第一台自动运行的风力发电机组；1891 年丹麦的 P L Cour 教授设计建造了世界上第一座风力发电试验站。这些人可以说是风力发电领域的先驱，也正是这些人开创了风力发电的新纪元。

风力发电历经创始期、徘徊发展期和迅猛发展期，如今，风力发电领域正随着航空、航天技术和空气动力学的发展以及计算机、复合材料的使用飞速发展，风力机结构日趋完善，可靠性不断提高，技术不断创新。

风力发电是目前世界上增长速度最快的能源。近几年风电装机容量每年持续增长 20% 以上。目前，全球约有 50 多个国家加入了风力发电的行列。我国风力发电在 20 世纪 80 年代开始发展，初期大多是独立运行的百瓦级风电机组，安装在边远、孤立的无电地区供农牧民使用。近年来，随着大型并网风力发电机组的引入和开发，在风资源丰富地区开始出现由多台风电机组组成的风电场并入地区电网供电，并以难以想象的速度发展。

前　言

　　尽管我国近几年风力发电每年都大幅增长，但装备制造水平与装机总容量和发达国家相比还有较大差距，我国风力发电装机容量仅占全国电力装机的很小的一部分。风力发电发展潜力十分巨大。

　　正是在这种风力发电大发展的时代背景下，我们编写了本教材，希望对我国的风力发电人才培养乃至风力发电领域的广大工程技术人员有所帮助。

　　本书分为十章。其中第一、二、四、七、八、九章由马宏革、王亚非、陈淑英编写；第五、六章由李一默、周彦云、周建刚编写；第三、十章由张伟、巩真、王海静、赵继龙编写。书中的部分插图由周彦云绘制。

　　本书在编写过程中得到了包头轻工职业技术学院能源工程学院许多老师的大力支持和帮助，在此深表谢意！本书参阅了大量的文献、网上资料等相关资料，在此对其作者一并表示衷心的谢意！

　　由于作者水平有限，书中不妥之处在所难免，恳请读者批评指正。

编者
2012 年 8 月

目 录

第一章 风力发电机组工作原理概述 ·················· 1
第一节 风力发电原理 ·················· 1
一、风力发电原理概述 ·················· 1
二、风力发电机组的分类 ·················· 2
第二节 风力发电机组的组成 ·················· 3
第三节 风力发电机组的性能评价 ·················· 7

第二章 风轮系统 ·················· 10
第一节 风轮的空气动力性能 ·················· 10
一、风轮的空气动力性能参数 ·················· 11
二、叶片的空气动力性能参数 ·················· 13
三、叶片翼型的空气动力特性 ·················· 14
第二节 叶片 ·················· 15
一、叶片制造材料和主体结构 ·················· 16
二、叶片的类型 ·················· 20
三、叶片的运行 ·················· 20
四、借助于风轮叶片的风力机功率调节 ·················· 22
五、叶片的防雷保护 ·················· 26
第三节 轮毂 ·················· 27
一、轮毂结构 ·················· 27
二、轮毂的安装和维护 ·················· 29

第三章 机组传动系统 ·················· 30
第一节 风力发电机组传动系统概述 ·················· 30
一、风力发电机组总体传动形式 ·················· 31
二、风力发电机组传动链形式 ·················· 31
第二节 主轴及主轴承 ·················· 33
第三节 联轴器 ·················· 35

目 录

　　一、刚性胀套式联轴器 ………………………………………… 35
　　二、挠性联轴器 ………………………………………………… 37
　第四节　齿轮箱 …………………………………………………… 38
　　一、风力发电机组齿轮箱的工作特性 ………………………… 38
　　二、风力发电机组齿轮箱 ……………………………………… 38
　　三、齿轮箱的主要零部件 ……………………………………… 40
　　四、齿轮箱的使用及其维护 …………………………………… 48

第四章　机组液压传动系统 …………………………………………… 52
　第一节　液压传动的工作原理 …………………………………… 52
　　一、液压传动的基本工作原理 ………………………………… 52
　　二、液压传动系统的组成 ……………………………………… 53
　　三、液压传动的优缺点 ………………………………………… 54
　第二节　液压系统的基本组成 …………………………………… 55
　　一、执行装置——液压泵 ……………………………………… 55
　　二、执行装置 …………………………………………………… 56
　　三、控制调节装置 ……………………………………………… 56
　第三节　定桨距风力发电机组的液压系统 ……………………… 59
　第四节　变桨距风力发电机组的液压系统 ……………………… 60
　　一、比例控制技术 ……………………………………………… 61
　　二、液压系统图 ………………………………………………… 63
　　三、液压泵站 …………………………………………………… 65
　　四、变桨距控制 ………………………………………………… 65
　　五、制动机构 …………………………………………………… 67

第五章　机组偏航系统 ………………………………………………… 68
　第一节　偏航系统的技术要求 …………………………………… 68
　第二节　偏航系统的组成 ………………………………………… 70

目　录

　　一、偏航轴承 …………………………………… 71
　　二、驱动装置 …………………………………… 71
　　三、偏航制动器 ………………………………… 72
　　四、偏航计数器 ………………………………… 73
　　五、纽缆保护装置 ……………………………… 73
第六章　机组刹车系统 …………………………… 74
　第一节　空气动力刹车机构 ……………………… 74
　　一、叶尖扰流器 ………………………………… 75
　　二、变桨距机构的空气刹车作用 ……………… 76
　第二节　主轴刹车机构 …………………………… 76
　第三节　偏航制动器 ……………………………… 77
第七章　风力发电机组的发电机及其他电气设备 … 79
　第一节　发电机 …………………………………… 79
　　一、发电机结构及基本工作原理 ……………… 79
　　二、交流感应发电机 …………………………… 81
　　三、风力发电机特殊的工作条件 ……………… 86
　　四、风力发电机的使用维护 …………………… 88
　　五、风力发电机的常见故障 …………………… 90
　第二节　风力发电机组的其他电气设备 ………… 90
　　一、变频器 ……………………………………… 90
　　二、整流器 ……………………………………… 91
　　三、变频器中的中间环节 ……………………… 91
　　四、逆变器 ……………………………………… 92
第八章　机组控制系统 …………………………… 94
　第一节　控制系统简介 …………………………… 94
　第二节　风力发电机组控制系统的组成 ………… 96

目 录

    一、控制系统输入信号 ………………………………………… 96
    二、控制系统输出信号 ………………………………………… 97
  第三节　控制系统的控制内容 ………………………………………… 98
    一、风力发电机组的控制目标 ………………………………… 98
    二、正常运行的控制内容 ……………………………………… 98
    三、风力发电机组的自动控制功能 …………………………… 100
    四、控制系统工作流程 ………………………………………… 100
  第四节　风力发电机组的现场信号采集 ……………………………… 101
    一、电量信号 …………………………………………………… 101
    二、温度信号 …………………………………………………… 102
    三、风向 ………………………………………………………… 102
    四、风轮转速 …………………………………………………… 103
    五、风速 ………………………………………………………… 104

第九章　机组系统安全与安全保护系统 ……………………………… 105
  第一节　系统安全 ……………………………………………………… 105
    一、系统设计中的系统安全 …………………………………… 106
    二、风力发电机组运行中的系统安全 ………………………… 106
    三、控制系统的安全保护措施 ………………………………… 108
    四、控制系统安装和维护的技术要求 ………………………… 109
  第二节　风力发电机组安全保护系统 ………………………………… 111
    一、机组控制运行安全保护系统 ……………………………… 111
    二、电气接地保护系统 ………………………………………… 112
    三、微控制器抗干扰保护系统 ………………………………… 113
    四、多重保护安全系统 ………………………………………… 114

第十章　塔架与基础 …………………………………………………… 118
  第一节　塔架 …………………………………………………………… 118

目 录

一、塔架的结构与类型 …………………………………… 118
二、塔架的受力 …………………………………………… 119
三、塔架设计需要注意的因素 …………………………… 120
第二节　基础 ………………………………………………… 120
一、基础的结构与类型 …………………………………… 120
二、风力发电机组基础设计的前期准备工作及有关注意事项 …… 121
三、风力发电机组对基础的要求及基础的受力状况 ……… 122

附录　某风电场检修规程 …………………………………… 124

参考文献 …………………………………………………… 145

第一章 风力发电机组工作原理概述

第一节 风力发电原理

风能利用就是将风的动能转化为机械能，再转化为其他能量形式。从古至今，风能利用有多种形式，古老而直接的形式是风帆船、风力磨坊、风车提水等。在今天的现代社会里，风能利用的主要形式是风力发电，当然也保存着一些古老的风能利用形式。风力发电利用的主要设备一般被称为风力发电机组。风力发电就是通过风力发电机组中的风轮和传动系统带动发电机发电，发出的交流电供给负载。当负载需用直流电时，可用直流发电机发电或者用整流设备将交流电转换成直流电。

一、风力发电原理概述

在蒸汽机出现之前，风力机械是动力机械的一大支柱。其后随着煤、石油、天然气的大规模开采和廉价电力的获得，各种曾经被广泛使用的风力机械，由于成本高、效率低、使用不方便等原因，无法与蒸汽机、内燃机和电动机等相竞争，渐渐被淘汰。但是，近半个世纪的实践表明，风力发电在解决偏远地区无电居民的用电方面起到了重要的作用。特别是20世纪70年代以后，由于几次世界范围的能源危机和环境污染问题，使人们对风能利用又重新重视起来，利用风力发电更是进入了一个蓬勃发展的阶段，在世界不同地区建立了许多大中型的风电场。

一般而言，风力发电的基本原理就是：风的流动驱动风力发电机组的风轮系统旋转，带动风力发电机组的传动系统，然后进一步带动风力发电机旋转产生电能，这样将风的动能转化为电能。风力发电的基本原理如图1-1所示。

图 1-1　风力发电的基本原理

二、风力发电机组的分类

1. 水平轴式和垂直轴式风力发电机组

按照不同的分类标准，可以将风力发电机组分为不同的类型。如果根据风力机旋转主轴的布置方向，即主轴与地面相对位置来分类，可分为水平轴式风力机（图1-2）和垂直轴式风力机。

图 1-2　风电场中的水平轴式并网型风力发电机组

2. 离网型和并网型风力发电机组

如果按照风力发电机组发出电能的输送渠道，风力发电机组分为并网型风力发电机组和离网型风力发电机组。离网型风力发电机组一般容量比较小，结构相对简单，将不作为本书的主要内容。本书主要将并网型风力发电机组的结构及各部分的工作原理作为主要内容。

并网型风力发电机组的功能是将风中的动能转换成机械能，再将机械能转换为电能，输送到电网中。对并网型风力发电机组的基本要求是在当地风况、气候和电网条件下能够长期安全运行，取得最大的年发电量和最低的发电成本。但是，要想达到这一要求并不是轻而易举就能做到的，因为风的速度和方向是不断变化的，有时甚至非常激烈。而风中蕴含的能量与风速的立方成正比，也就是说，风速稍有变化，风能的变化就非常大。风能的变化会引起风能发电的主要承接设备——风力发电机组的各个部件承受快速变化的交变载荷，从而引起这些部件的疲劳。所以疲劳强度是影响机组寿命的主要因素，因此如何利用现有手段，尽量减轻机组部件的疲劳程度是一个必须要解决的问题。所以风力发电机组对材料、结构、工艺和控制策略都提出了很高的要求。

3. 风力发电机组及其他风能利用机组

根据风力机本身用途分，可分为风力发电机组、风力提水机组和风力制热机等。这些种类的风力机，其共同之处就在于以风力为原动力驱动发电机、提水机械和制热机械。其实质都是把风能转化为各种形式的能量加以利用，或者储存起来。

4. 各种功率容量的风力发电机组

根据风力机额定功率大小分类，有4种类型，即微型（1kW以下）、小型（1~10kW）、中型（10~100kW）和大型（100kW以上）。目前，风力发电行业备受关注的是大型兆瓦级（1000kW以上）风力发电机组。无论是海上还是陆上，风力发电场使用的都是大型风力发电机组，而且有风力发电机组单机容量越来越大的发展趋势。但是小型乃至微型风力发电机组依然有它们的用武之地，这在后面的章节中会涉及。

按照各种不同的分类标准（如叶片的个数、形式、材质等），还可以将风力机组分为不同的类型，如按叶片的个数可将风力机组分为单叶片、双叶片、三叶片及多叶片风力机等。

第二节 风力发电机组的组成

现代并网型风力发电机组一般由风轮系统、机舱、塔架、传动系统、偏航系统、液压系统、刹车制动系统、发电机、控制与安全系统等组成。机组的类型不同，具体的组成也有所不同。图1-3和图1-4所示为大中型风力发电机组基本结构和实物图。

1. 风轮系统

风轮系统是获取风中能量的关键部件，由叶片和轮毂组成。叶片具有空气动力外形，在气流作用下产生力矩驱动风轮转动，通过轮毂将扭矩输入到传动系统。

风轮系统按叶片数可以分为单叶片、双叶片、三叶片和多叶片风轮。其中，三叶片风轮由于稳定性好，在并网型风力发电机组上得到广泛应用。按照叶片能否围绕其纵向轴线转动，可以分为定桨距风轮系统和变桨距风轮系统。

定桨距风轮系统叶片与轮毂固定连接，结构简单，但是承受的载荷较大。在风轮转速恒定的条件下，当风速增加超过额定风速时，气流与叶片分离，叶片将处于"失速"状态，风轮输出功率降低，发电机不会因超负荷而烧毁。变桨距风轮的叶片与轮毂通过轴承连接，虽然结构比较复杂，但能够获得较好的性能，而且叶片承受的载荷较小，重量轻。

另外，按转速的变化又可以分为定转速风轮系统和变转速风轮系统。变转速风轮系统的转速随风速变化，可以使风轮保持在最佳效率状态下运行，获取更多的能量，并减小因阵风引起的载荷。但是变转速发电机的结构复杂，需要通过交-直-交变流装置与电网频率保持同步，又消耗了一定的能量。

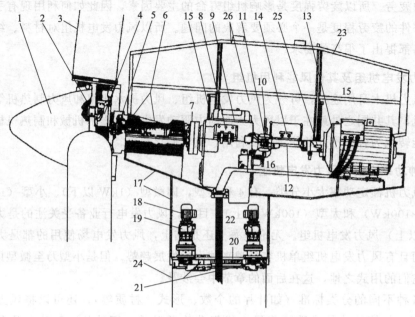

图 1-3 大中型风力发电机组基本结构

1—导流罩；2—轮毂；3—叶片；4—叶尖刹车控制系统；5—集电环；6—主轴；7—收缩盘；
8—锁紧装置；9—齿轮箱；10—刹车片；11—刹车片厚度检测器；12—万向联轴器；
13—发电机；14—安全控制箱；15—舱盖开启阀；16—刹车气缸；17—机舱；
18—偏航电动机；19—偏航齿轮；20—偏航圆盘；21—偏航锁定；22—主电缆；
23—风向风速仪；24—塔筒；25—振动传感器；26—舱盖

图 1-4 大中型风力发电机组基本结构实物图

2. 机舱

机舱由机舱底座（盘）和机舱罩组成，如图 1-5 所示。一般兆瓦级以上的风力发电机组

图 1-5　风力发电机组机舱部分

机舱底座（盘）上安装有齿轮箱、发电机、偏航系统、本地控制箱等机组重要部件。机舱罩后部的上方装有风速和风向传感器，舱壁上有隔音、通风装置，照明装置，小型起重设备等。

3. 塔架（筒）和基础

塔架（筒）的作用是支撑机舱达到所需要的高度。塔架（筒）内部安置位于机舱内的发电机、控制器和位于塔架（筒）底部电气设备（如变压器）之间的动力电缆、控制和通信电缆，还装有供操作人员上下机舱的扶梯。有的大型机组还设有电梯。塔架结构有筒形和桁架两种形式，所以，有时塔架也称为塔筒。

塔架（筒）的下部为风力发电机组的基础部分。基础为钢筋混凝土结构，根据当地地质情况设计成不同的形式。其中心预置与塔架连接的基础部件，保证将风力发电机组牢牢固定在基础上。基础周围还要设置预防雷击的接地系统。

4. 传动系统

一般地，传动系统包括主轴、齿轮箱和联轴器。轮毂与主轴固定连接，将风轮的扭矩传递给齿轮箱。有的风力发电机组将主轴与齿轮箱的输入轴合为一体。大型风力发电机组风轮的转速一般在 10～30r/min 范围内，通过齿轮箱增速到发电机的同步转速为 1500r/min（或 1000 r/min），经齿轮箱的高速输出轴、联轴器驱动发电机旋转。

5. 偏航系统

由于风向经常改变，如果风轮扫掠面和风向不垂直，则不但功率输出减少，风力发电机组各部件尤其是风轮系统和塔架部分承受的载荷比正常工作时更加巨大。偏航系统的功能就是跟踪风向的变化，驱动机舱围绕塔架中心线旋转，使风轮扫掠面与风向保持垂直。风向标是偏航系统的传感器，将风向信号发给控制系统，经过与风轮的方位进行比较后，发出指令给偏航电动机或液压马达，驱动偏航系统的小齿轮沿着与塔架顶部固定的大齿圈移动，经过偏航轴承使机舱转动，直到风轮对准风向后停止。

机舱在反复调整方向的过程中，有可能发生沿着同一方向累计转了许多圈，造成机舱与塔架之间的电缆扭绞，因此偏航系统应具备解缆功能，机舱沿着同一方向累计转了若干圈后，必须反向回转，直到扭绞的电缆松开。偏航轴承分为滑动型和滚动型，有的具备自锁功能，有的设置强制制动。但无论是哪一种，都应设置阻尼，满足机舱转动时平稳不发生振动的要求。

6. 液压系统

液压系统主要是为油缸和制动器提供必要的驱动压力，有的强制润滑型齿轮箱也需要液压系统供油润滑。油缸主要是用于驱动定桨距风轮的叶尖制动装置或变桨距风轮的变距机构等。液压站由电动机、油泵、油箱、过滤器、管路及各种液压阀等组成。

7. 刹车制动系统

刹车制动系统主要分为空气动力制动和机械制动两部分，有的风力发电机组只有机械制动，没有空气动力刹车。对于带叶尖扰流器的定桨距风力发电机组，定桨距风轮的叶尖扰流器旋转约90°，或变桨距风力发电机组，变桨距风轮处于顺桨位置，均是利用空气阻力使风轮减速或停止，属于空气动力制动。在主轴或齿轮箱的高速输出轴上设置的盘式制动器，属于机械制动。通常大型风力发电机组运行时，需要让机组停机，首先要采用空气制动，使风轮减速，再采用机械制动使风轮停转。

8. 发电机

发电机将风轮的机械能转换为电能，分为异步发电机和同步发电机两种。异步发电机的转速取决于电网的频率，只能在同步转速附近很小的范围内变化。当风速增加使齿轮箱高速输出轴转速达到异步发电机同步转速时，机组并入电网，向电网送电。风速继续增加，发电机转速也略为升高，增加输出功率。达到额定风速后，由于风轮的调节，稳定在额定功率不再增加。反之风速减小，发电机转速低于同步转速时，则从电网吸收电能，处于电动机状态，经过适当延时后应脱开电网。

有的风力发电机组为了充分利用低风速时的风能，降低风轮转速，采用了可变极数的异步发电机，如从 4 极 1500r/min 变为 6 极 1000r/min，但是这种发电机仍然可以看作是基本上恒定转速的。

普通异步发电机结构简单，可以直接并入电网，无需同步调节装置，缺点是风轮转速固定后效率较低，而且在交变的风速作用下，承受较大的载荷。为了克服这些不足之处，相继开发出了高滑差异步发电机和变转速双馈异步发电机。

同步发电机的并网一般有两种方式：一种是准同期直接并网，这种方法在大型风力发电机组中极少采用；另一种是交-直-交并网。近年来，由于大功率电子元器件的快速发展，变速恒频风力发电机组得到了迅速的发展，同步发电机也在风力发电机中得到广泛的应用。

为了减少齿轮箱的传动损失和发生故障的概率，有的风力发电机组采用风轮直接驱动同步多极发电机，又称无齿轮箱风力发电机组。其发电机转速与风轮相同，而且随着风速变化，风轮可以转换更多的风能，所承受的载荷较小，减轻部件的重量。缺点是这种发电机结构复杂，制造工艺要求很高，需要变流装置才能与电网频率同步，经过转换又损失了能量。

9. 控制系统

控制系统包括控制和监测两部分，控制部分又分为手动和自动运行方式。当机组处于手动运行方式时，运行维护人员可在现场根据需要进行手动控制，自动控制应该在无人值守的条件下实施运行人员设置的控制策略，保证机组正常安全运行。监测部分将各种传感器采集到的数据送到控制器，经过处理作为控制参数或作为原始记录储存起来，在机组控制器的显示屏上可以查询，也要送到风电场中央控制室的计算机监控系统。通过网络或电信系统，现场数据还能传输到业主所在城市的办公室。

10. 安全保护系统

安全保护系统要保证机组在发生非正常情况时立即停机，预防或减轻故障损失。一般地，风力发电机组的关键部件都采用了"失效-保护"的设计原则。如制动系统的叶尖制动片在运行时是利用液压系统液压油的压力克服弹簧的作用使叶尖制动片与叶片外形组合成一个整体，同时保持机械制动器的制动钳处于松开状态，一旦发生液压系统失灵或电网停电（此时，风力发电机组需要紧急停车），液压系统液压油失去压力，叶尖制动片和制动钳将在弹簧作用下立即使叶尖制动片旋转约 90°，使风轮因气动刹车（叶尖制动片的作用）迅速减速，同时制动钳变为夹紧状态，风轮在两种制动装置的同时作用下被制动停止旋转。

第三节　风力发电机组的性能评价

1. 风轮直径 D

风轮直径是指风轮在旋转平面上投影圆的直径。

风力发电机组最主要的参数是风轮直径（或风轮扫掠面积）和额定功率，为产品型号的组成部分。风轮直径（或风轮扫掠面积）说明机组能够在多大的范围内获取风中蕴含的能量，是机组能力的基本标志。

2. 额定功率 P_N

风力发电机组额定功率指的是正常工作条件下，风力发电机组能够达到的最大连续输出电功率。

风轮直径应当根据不同的风况与额定功率匹配，以获得最大的年发电量和最低的发电成本，配置较大直径风轮供低风速区选用，配置较小直径风轮供高风速区选用。

3. 功率曲线

在风力发电机组产品样本中都有一个功率曲线图，如图 1-6 所示，横坐标是风速，纵坐标是机组的输出电功率。功率曲线主要分为上升和稳定两部分。机组开始向电网输出功率时的风速称为**切入风速**。随着风速的增大，输出功率上升，输出功率大约与风速的立方成正比，达到额定功率值时的风速称为**额定风速**。此后风速再增加，由于风轮的调节，功率保持不变。定桨距风轮因失速有个过程，超过额定风速后功率略有上升，然后又下降。如果风速继续增加，为了保护机组的安全，规定了允许机组正常运行的最大风速，称为**切出风速**。机组运行时遇到这样的大风必须停机与电网脱开，输出功率立刻降为 0，功率曲线到此终止。

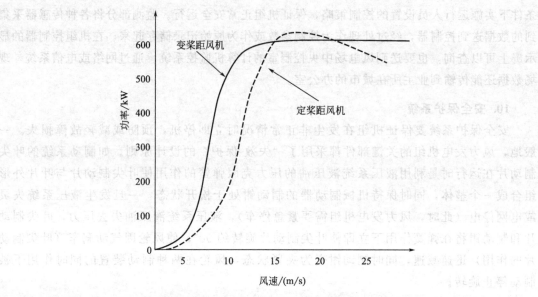

图 1-6　变桨距风力机和定桨距风力机的功率曲线

功率曲线的测试要有专用的测风塔，严格按照国际电工委员会（IEC）制定的标准方法进行。对应于风速的实测功率值是很分散的，最终得出的功率曲线是大量实测值概率分布按照规定方法归纳出来的。在风电场用机载风速仪和功率传感器测出的功率曲线是不规范的，只能作为参考。

另外，应注意样本上提供的功率曲线是换算成标准空气密度条件下的数值，在应用时要考虑现场的实际情况。

4. 额定风速 V_1

风力发电机组额定风速 V_1（设计风速）是指风力发电机达到额定功率输出时的来流风速。额定风速 V_1 是一个非常重要的参数，它直接影响到风力发电机组的尺寸和成本。额定风速取决于安装风力发电机组地区的风能资源。风能资源既要考虑到平均风速的大小，又要考虑风速的频度。知道了平均风速和频度，就可以确定额定风速 V_1 的大小。

5. 叶尖速度比（尖速比）λ

风力发电机组尖速比指的是机组叶片叶尖线速度 V_R 与来流风速 V 的比值。它是和风力发电机组性能相关的一个重要参数。

$$\lambda = \omega D/2V = \omega R/V \tag{1-1}$$

式中　λ——尖速比；

　　　D——风轮直径；

　　　ω——风轮旋转角速度；

　　　R——风轮半径；

　　　V——来流风速。

6. 实度 σ

风轮的实度是指风轮的叶片面积之和与风轮扫掠面积之比。风轮扫掠面积是指风轮在旋转平面上的投影圆的面积。实度是和尖速比密切相关的另一个重要的性能评价参数。对风力提水机，因为需要转矩大，因此风轮实度取得大；对风力发电机，因为要求转速高，因此风轮实度取得小。自启动风力发电机组的实度是由预定的启动风速来决定的，启动风速小，要求实度大。通常风力发电机组实度大致在 5%～20% 这一范围。

实度大小的确定要考虑以下三个因素：①风轮的力矩特性，特别是启动力矩；②风轮的转动惯量；③电机传动系统特性。

第二章 风轮系统

来流气流将自身的一部分动能传递给风轮，而自身的流速降低到一定程度。风轮系统从风中获得动能，驱动叶片旋转，所以对于各种风能利用设备，风轮系统都是核心部件。风轮系统从风中获得的能量可以用不同的方式加以利用，如发电、提水、制热或其他可能的能量转换方式。

一般地，风轮系统由一个或数个几何形状相同的叶片和一个轮毂组成。风轮系统的作用是把风的一部分动能转换成风轮系统的旋转机械能。本章主要介绍风力发电机组风轮系统的空气动力性能、叶片的材料和制造以及风轮系统相关的控制和保护。

第一节 风轮的空气动力性能

风轮系统利用水平运动的来流气流的能力和效率，一般而言，即是指风轮系统的空气动力特性。风轮的空气动力特性最主要取决于风轮的几何形式——风轮系统的叶片数量和叶片的弦长、扭角、相对厚度分布以及叶片所用翼型的空气动力特性等。

风轮系统应尽可能设计得具有最佳的空气动力特性，以提高其能量转换效率。但是风轮系统的设计是一个涉及多学科的问题，它不仅涉及空气动力学、机械学、结构动力学、材料学、气象学和控制理论，还涉及风载荷特性、材料疲劳特性、试验测试技术等多方面的知识。空气动力性能好的风力发电机组可获得较高的风能利用系数和发电能力，即较好的经济效益。

但是需要说明的是风力发电机组的整体性能和机组空气动力性能的主从关系：空气动力学设计最佳的风力发电机组并不一定是整体性能最佳的风力发电机组设计，还要在结构、工艺、成本、使用、维护等方面进行综合的分析。也就是说，一个整体性能较好的风力发电机组当然应该具有良好的空气动力性能，但是，具有良好的空气动力性能的风力发电机组其整体性能不一定很好。风力发电机组的整体性能不仅表现为风轮的空气动力性能，同时也与风力发电机组的传动系统、控制和安全系统等诸多子系统的性能有重要的关系，此外，也与风轮的安装高度、风电场址选择等多种因素有关。为了能够具体地考量风力发电机组的空气动力性能，首先需要了解一些风轮系统的空气动力参数。

一、风轮的空气动力性能参数

1. 风轮叶片数

叶片数目的确定，既要考虑风力机的扭矩输出、启动性能，也要考虑风力机的用途、转速以及制作成本、风力机的稳定性等。

对于用于风力提水的风力机［如图 2-1(a) 所示］，一般需要大的输出扭矩、低的启动风速，对风力机风轮的转速没有严格的要求。要得到这样的风力机，就需要风轮叶片数较多、叶片实度较大。叶片数多的风力机在低尖速比运行时，虽然风能利用系数较低，但有较大的转矩，且启动风速较低，因此适用于提水等需要大扭矩、低启动风速的场合。

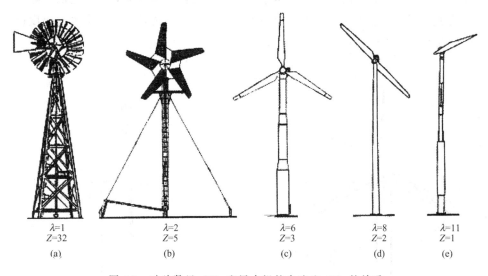

图 2-1 叶片数目（Z）和风力机的尖速比（λ）的关系

现代风力发电机组对风力机风轮转速要求比较严格，而且希望有较高的风能利用系数，在综合考虑了风轮转速、风能利用系数、启动风速和机组稳定性等诸多因素后，一般地，选取风轮叶片数为 1～3 个叶片，如图 2-1(c)～(e) 所示。

从经济角度考虑，1～2 叶片风轮比较合适，但 3 叶片风轮的平衡简单，风轮的动态载荷小。2 叶片风轮也有其优点，风轮实度小、转速高。假如 3 叶片风轮也要达到这样的高转速，每个叶片的弦长要很小，从结构上来说可能无法实现。

根据国外相关研究结论：2 叶片风轮的动态载荷比 3 叶片风轮的动态载荷大得多；3 叶

片使风力发电机组系统运行平稳,基本上消除了系统的周期载荷,输出稳定的转矩。

如果说2叶片风轮的动态载荷比较大,那么单叶片风轮的动态载荷会更突出。虽然单叶片节省了材料,但由于解决结构振动问题所支出的费用增加,使得它的优点并不突出。

对于大型风力发电机组来说,从1叶片到3叶片的风轮都有。3叶片风轮通常能提供最佳的效率,另外,3叶片风轮从审美的角度来说更令人满意。3叶片风轮的受力平衡好,轮毂可以简单些。与3叶片风轮相比,2叶片风轮噪声大、运转不平稳、成本高,风轮的气动效率大约降低2%~3%,轮毂也比较复杂。

单叶片风轮通常比2叶片风轮效率低6%。如果从经济性角度考虑,叶片数越少,机组成本越低。叶片少了,自然降低了叶片的费用,但是这是有代价的。由于风轮动力学平衡的需要,单叶片风轮需要增加相应的配重和空气动力平衡措施,并且对结构动力学的振动控制要求非常高,影响其的价格因素主要是昂贵的振动控制技术。

单叶片和2叶片风轮的轮毂通常比较复杂,为了限制风轮旋转过程中的载荷波动,轮毂具有跷跷板的特性(即采用柔性轮毂)。风轮连接在轮毂上,允许风轮在旋转平面内向后或向前倾斜几度,这样可以明显地减少由于阵风和风剪切在叶片上产生的载荷。

2. 风轮中心高

风轮中心高指风轮旋转中心到基础平面的垂直距离,如图2-2所示。从理论上讲,风轮中心高越高越好,根据风剪切特性,离地面高度越高,风速梯度影响越小,这样在风轮实际运行过程中,作用在风轮上的波动载荷越小,可以提高机组的疲劳寿命。但从实际经济意义考虑,风轮中心高不可能太大,否则不但塔架成本太高,安装难度及成本也大幅度提高。一般风轮中心高与风轮直径接近。

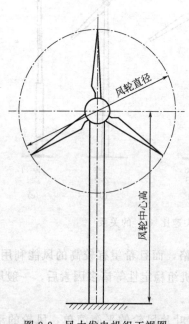

图2-2 风力发电机组正视图

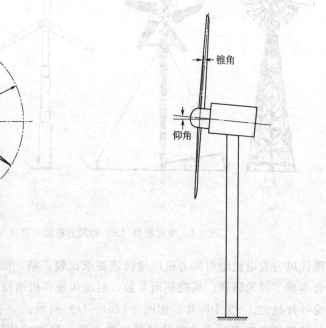

图2-3 风力发电机组侧视图

3. 风轮扫掠面积

风轮扫掠面积是指风轮在旋转平面上的投影面积。

4. 风轮锥角

风轮锥角是指叶片相对于和旋转轴垂直的平面的倾斜度，如图 2-3 所示。锥角的作用是在风轮运行状态下减小离心力引起的叶片弯曲应力以及防止叶尖与塔架碰撞的机会。

5. 风轮仰角

风轮的仰角是指风轮的旋转轴线和水平面的夹角，如图 2-3 所示。仰角的作用是避免叶尖和塔架的碰撞。

6. 风轮偏航角

风轮偏航角是指风轮旋转轴线和风向在水平面上投影的夹角。偏航角可以起到调速和限速的作用。

7. 风轮转速 n

风轮转速指风轮在风的作用下旋转的角速度，但风轮的旋转速度通常用每分钟的风轮旋转圈数表示。

8. 风轮尖速比

风轮尖速比是风轮的一个重要参数，指的是风轮叶片叶尖线速度与来流风速的比值。它既是风轮重要的物理参数，也是风力发电机组整体性能的重要指标。

风轮转速和风速通过风轮尖速比关联在一起。风轮尖速比是叶片气动设计最重要的参数。对于同样的风速，慢速风力机风轮尖速比小，$\lambda=1\sim2$ [如图 2-1(a)、(b) 所示]，低转速运转，但输出转矩大。与此相反，并网风力机的设计尖速比 $\lambda=5\sim8$ [如图 2-1(c)、(d) 所示]，输出转矩小，但转速高，利于发电。

9. 风轮实度

风轮的实度是指风轮的叶片面积之和与风轮扫掠面积之比。

二、叶片的空气动力性能参数

1. 叶片长度

叶片长度为叶片在风轮径向方向上的最大长度，即从叶片根部到叶尖的长度，如图 2-4 所示。叶片长度决定叶片的扫掠面积，即收集风能的能力，也决定了配套发电机组的功率。

图 2-4　叶片长度

2. 叶片面积

叶片在旋转平面上的投影面积。

3. 叶片弦长

叶片的弦长是连接叶片前缘与后缘的直线长度，即叶片径向各剖面翼型的弦长，如图

2-5 所示。弦长最大处为叶片宽度，最小处在叶尖，弦长为零。叶片根部剖面的翼型弦长称为根弦。叶片弦长最大的部分称为叶片的最大宽度。叶片宽度沿叶片长度方向的变化，是为了使叶片所接受的风能平均地分配到整个叶片上。

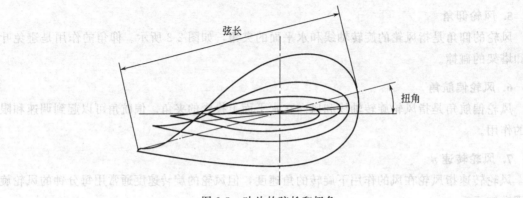

图 2-5　叶片的弦长和扭角

4. 叶片扭角

叶片扭角是叶片各剖面弦线和风轮旋转平面的扭角，如图 2-5 所示，扭角是叶片尖部几何弦与根部几何弦夹角的绝对值。扭角是叶片为改善空气动力学特性而设计的，其目的是使叶片不会同时陷入失速，以及具有预变形作用。

5. 叶片翼型攻角 α

气流相对速度与翼弦所夹的角度。

6. 叶片桨距角 β

叶片翼型弦线与风轮旋转平面间的夹角，也称为安装角。

7. 叶片翼型

叶片翼型指的是叶片与半径为 r 并以风轮轴为轴线的圆柱相交的截面。

翼型空气动力特性的好坏直接影响风力发电机组的性能。以前风轮叶片常采用飞机翼型，当前也有专用于风力发电机组的专用翼型。风轮工作条件和飞机有较大区别。一方面风轮叶片工作时，其迎角变化范围大；另一方面风轮叶片是在低雷诺数情况下工作（雷诺数是指一种可用来表征流体流动情况的无量纲数，一般来说，随着雷诺数增加，翼型升阻比越好），人们在设计风力发电机组时，总希望得到高的风能利用系数，使风轮的能量损失尽可能小，此时即阻力尽可能小。要求选择的翼型具有高的升力系数，从飞机机翼理论中可知升阻比（C_L/C_D）的概念，一般流线翼型的升阻比在 150~170 之间，某些特殊翼型的理论升阻比可达到 400 左右。

应根据以下规则选择翼型：对于低速风轮，由于叶片数较多，不需要特殊的翼型升阻比；对于高速风轮，由于叶片数较少，应当选用在很宽的风速范围内具有较高升阻比和平稳失速特性的翼型，对粗糙度不敏感，以便获得较高的功率系数；另外要求翼型的气动噪声低。

三、叶片翼型的空气动力特性

事实上，不仅是翼型，而是所有置于均匀气流中的物体都受到一个力的作用，而该力的方向一般与来流的方向不同。

作用在翼型上的力的物理机理是由于环绕翼型面流体流速的变化。如图 2-6 所示，上翼型面流速比下翼型面快，结果上面压力低于下面压力，于是产生了气动力 R。气动力 R 可以分解为一个平行于来流的阻力分量 D 和一个垂直于来流的升力分量 L。升阻力不但与来流的速度有关，还与它的角度（攻角）有关。

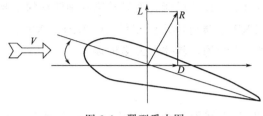

图 2-6　翼型受力图

1. 升力系数和阻力系数

在描述不同翼型的升阻特性时，常常用无量纲的升力系数和阻力系数作为基准，它们的定义如下。

（1）升力系数

$$C_L = \frac{L}{\frac{1}{2}\rho V^2 A} \tag{2-1}$$

（2）阻力系数

$$C_D = \frac{D}{\frac{1}{2}\rho V^2 A} \tag{2-2}$$

式中　L——升力；

　　　D——阻力；

　　　V——来流风速；

　　　A——风轮扫掠面积；

　　　ρ——空气密度。

2. 风能利用系数 C_p

风能利用系数 C_p 是指风力机的风轮能够从自然风中获得的能量与风轮扫掠面积内的未扰动气流所含风能的百分比。风能利用系数 C_p 是评定风轮气动特性优劣的主要参数。风的能量只有部分可被风轮吸收成为机械能，因此风能利用系数定义如下：

$$C_p = \frac{2P}{\rho V^3 A} \tag{2-3}$$

式中　P——风轮获得的输出功率。

第二节　叶　　片

叶片是风力机的关键部件之一，风能利用的第一步便是叶片对风能的吸收。运输或运行过程中叶片的状况及性能决定了风力机的利用率和发电效益。在风力发电机组设计中，叶片外形设计尤为重要，它涉及机组能否获得所希望的功率。

一、叶片制造材料和主体结构

叶片是具有空气动力形状，接受风能，使风轮绕其轴转动的主要构件。制造叶片的材料有玻璃纤维增强塑料（GFRP）、碳纤维增强塑料（CFRP）、木材、钢和铝等。

叶片的结构主要为梁、壳结构，具体形式多种多样。

（一）叶片材料

水平轴风轮叶片一般近似梯形，由于它的曲面外形复杂，仅外表面结构就需要很高的制造费用。使用复合材料可以改变这种状况，只是在模具制造工艺上要求高些。叶片的模具由叶片上、下表面的反切面样板成型，在模具中由手工成型复合材料叶片。

用于叶片制造的主要复合材料有玻璃纤维增强塑料（GFRP）、碳纤维增强塑料（CFRP）、木材、钢和铝等。玻璃纤维增强塑料（GFRP），基体材料为聚酯树脂或环氧树脂。环氧树脂比聚酯树脂强度高，材料疲劳特性好，且收缩变形小。聚酯材料较便宜，它在固化时收缩大，在叶片的连接处可能存在潜在的危险，即由于收缩变形，在金属材料与玻璃钢之间可能产生裂纹。

对于大型风力发电机组来说，叶片的刚度、固有特性和经济性是主要的，通常较难满足，所以对材料的选择尤为重要。

目前世界上绝大多数叶片都采用复合材料制造，主要是由于复合材料具有以下优点。

1. 复合材料的可设计性强

复合材料是以玻璃纤维或碳纤维为增强材料，树脂为基体。玻璃纤维和碳纤维的拉伸强度都很高，由于复合材料的相对密度较小，强度高，这对于风力发电机组叶片这类旋转部件来说是很重要的指标。可以根据结构受力不同进行适当的设计，充分发挥复合材料的各向异性特性，使原材料的利用效果最佳。

2. 易成型性好

为了提高风力发电机组的气动效率，风轮叶片的气动外形一般都经过优化设计，在叶片的不同半径位置处，其弦长、扭角和相对厚度均不相同，因此叶片具有复杂的气动外形，如图2-7所示。如果用金属材料制造就比较困难，而且成本高。复合材料的成型是在模具中进行的，并且模具可以重复使用。由于模具是一次性投入的，适合于制造各种复杂的形状，而且外形精确，表面光滑，因此制造出的叶片外形准确，气动效率高，制造成本低，具有良好的综合经济效益。

3. 耐腐蚀性强

复合材料的基体树脂和表面胶衣树脂，可以使叶片具有良好的耐酸、耐碱、耐海水、耐盐雾、防紫外线老化等性能。

图 2-7　沿叶片长度方向分布的不同翼型

4. 维护少、易修补

由于复合材料的优良耐腐蚀性和耐候性，决定了复合材料叶片运行过程中维修工作少，维护成本低。复合材料的另一个突出优点是可修复性强，当复合材料叶片产生局部或较大区域损伤时，一般均可通过局部修复后再使用，基本能满足使用要求。

GFRP 材料的风力发电机组叶片成型工艺有手工湿法成型、真空辅助注胶成型和手工预浸布铺层等工艺。CFRP 材料强度高、重量轻，遗憾的是其价格昂贵，经济性差，只有在 40m 以上长度的叶片中采用，长度 40m 以下的叶片使用很少。

由于木材的许多优良特性，目前在大型风力发电机组中使用的范围也在扩大，主要用于叶片结构内部的夹心材料。木材重量轻，成本低，阻尼特性优良；其缺点是易受潮，加工成本高。钢材主要用于叶片内部结构的连接件，很少用于叶片的主体结构。主要是因为钢材相对密度大、疲劳强度低。

垂直轴风力发电机组常用铝或玻璃钢拉挤叶片，这种制造工艺很适用等宽叶片。多个截面采用一个模具挤压成型。

（二）叶片结构

并网型风力发电机组的功率很大，需要风轮收集足够的风能。因为风轮收集的风能多少与叶片的扫掠面积成正比，因此兆瓦级风力发电机组的叶片个个都是庞然大物，宽几米、长达几十米。为了达到技术经济要求，普遍采用薄壳式内加纵梁的结构设计，其特点是重量轻，但对叶片运输要求较高。因为如果运输不当，会造成叶片薄壳的破损。

对于水平轴风力发电机组风轮的叶片，为了使其达到最佳气动效果，其采用了复杂的气动外形，如图 2-8 所示。在风轮的不同半径处设计不同的叶片弦长、厚度、扭角和翼型。同时，为了保证叶片具有一定的强度和刚度，节省材料、减轻重量，叶片采用了由复合材料制成的薄壳结构。

风力发电机组风轮叶片的结构可分为三个部分：根部、纵梁和外壳。根部材料一般为金属结构，用于与轮毂相连接。外壳蒙皮一般为玻璃钢薄壳结构。纵梁，俗称龙骨、加强肋或加强框，一般为玻璃纤维增强复合材料或碳纤维增强复合材料。叶尖类型多种多样，有尖头、平头、钩头、带襟翼的尖部等。

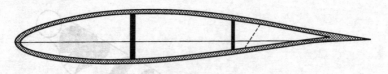

图 2-8　叶片剖面

1. 叶片纵梁

叶片纵梁的作用是保证叶片长度方向和横截面上的强度和刚度。一般叶片纵梁多为两条，其在叶片内的布置方式有平行式、垂直式、不规则式三种。叶片纵梁采用硬质泡沫塑料夹心结构，内部是高密度硬质泡沫塑料板，外包复合材料。复合材料结构的大梁作为叶片的主要承载部件，主要有 D 形、O 形、矩形和 C 形等形式，如图 2-9～图 2-11 所示。D形、O 形和矩形封闭型梁可以在缠绕机上缠绕成型，在模具中成型上、下两个半壳，再用结构胶将梁和两个半壳黏结起来。而 C 形和 I 形非封闭型梁可以在模具中成型，然后在模具中成型上、下两个半壳，利用结构胶将 C（或 I）形梁和两半壳黏结。在蒙皮与主梁的结合部位（即梁帽处）必须采用实心复合材料结构，因为这部分梁与蒙皮相互作用，应力较大。

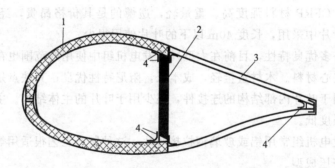

图 2-9　C 形梁架

1—C 形翼梁（玻璃纤维层）；2—肋条；3—后缘；4—胶合

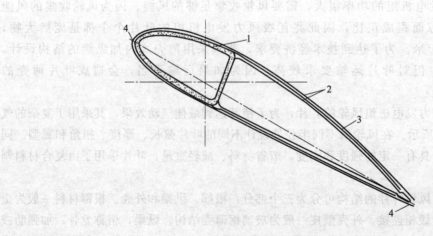

图 2-10　D 形梁架

1—D 形翼梁；2—45°玻璃纤维；3—高抗力泡沫材料；4—胶合

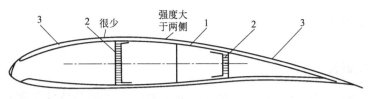

图 2-11 矩形梁架
1—桁架（纤维强度居中）；2—肋条（纤维强度最大）；3—抗扭层（纤维强度较弱）

2. 叶片壳体

叶片壳体以复合材料层板为主，具有要求的空气动力学外形。叶片上、下壳体主要以单向增强材料为主，并适当铺设成±45°层来承受扭矩，先在模具中成型上、下两个半壳，然后利用胶黏剂将纵梁和两半壳牢固地黏结在一起。封闭型梁的叶片壳体蒙皮结构较薄，最薄处仅3～6mm，主要保持翼型和承受叶片的扭转载荷，纵梁是其主要承载结构。由于叶片前缘强度和刚度较低，在运输过程中局部易于损坏。同时这种叶片整体刚度较低，运行过程中叶片变形较大，必须选择高性能的胶黏剂，否则极易造成后缘开裂。

非封闭型梁的叶片壳体蒙皮厚度在10～20mm之间，叶片上下壳体是其主要承载结构。叶片壳体的不同部位厚度不一样。为了减轻叶片后缘重量，提高叶片整体刚度，在叶片上下壳体后缘局部可采用硬质泡沫夹心结构。大梁设计相对较弱，为硬质泡沫夹心结构，与壳体黏结后形成箱形结构，共同保证叶片的强度和刚度。其优点是叶片整体强度和刚度较大，在运输、使用中安全性好。但这种叶片比较重，比同型号的轻型叶片重20%～30%，制造成本也相对较高。

在这两种结构中，大梁和壳体的变形是一致的。经过收缩，夹心结构作为支撑，两半叶片牢固地黏结在一起。在前缘黏结部位经常重叠，以便增加黏结面积。在后缘黏结缝，由于黏结角的产生而变坚固了。在有扭曲变形时，黏结部分不会产生剪切损坏。

（三）叶片叶根

叶片的接口处是叶片承受载荷最大的地方，而且主要是引起疲劳的循环载荷。叶片处于水平位置时，叶片相当于一个悬臂梁，叶片处于最下位置时承受拉力，叶片处于最上位置时承受压力，因此将叶根固定到轮毂上是叶片设计中最关键的地方。因为钢轮毂与复合材料叶片之间刚度相差巨大，妨碍载荷的平滑传递。叶片根部的结构形式有多种，一般常见的有两种形式——钻孔组装式和螺纹件预埋式。

钻孔组装式是当叶片成型后，用专用钻床和工具装备在叶根部位钻孔，然后将螺纹件装入。螺纹件为高强度双头螺栓和圆形螺母。这种方式在叶片根部的复合材料结构层上加工出几十个100mm左右的孔，不仅破坏了复合材料的结构整体性，而且也大大降低了叶片根部的结构强度。而且，由于螺纹件的垂直度不易保证，容易给现场组装带来困难。

螺纹件预埋式叶根的结构是在叶片成型过程中，直接将经过外圆切槽的内螺纹件预埋在叶片根部，这样就避免了对复合材料结构层造成加工损伤。经过机构试验证明，这种结构形式的连接最为可靠，而其唯一的缺点就是每个螺纹件的定位必须准确。

二、叶片的类型

(一) 定桨距叶片

恒频恒速失速型机组采用定桨距叶片，定桨距叶片的安装角度是固定不变的，一般在12°~16°之间，风轮在这一角度下可以获得最大推力，这在风速小于额定风速时是人们所希望的。当风速大于额定风速时风轮转速将超过额定转速，这会给风力发电机组的各个零部件造成超载，危及风力发电机组的安全。这种叶片当风速超过额定风速时，风力发电机组的功率调节完全依靠叶片结构设计发生失速效应，使高风速时功率不增大。但由于失速点的设计很难保证风力发电机组在失速后能维持输出额定功率，所以一般失速后功率小于额定功率。

失速效应是指当风对叶片的攻角超过某一临界值时，空气的上表面边界层将发生分离，这导致叶片背面出现尾流，使叶片所受推力减小而阻力增加。由于失速后叶片所受推力减小、阻力增加，风轮的转速降低，但不会停止。利用失速现象稳定风轮转速称为失速调节方式。

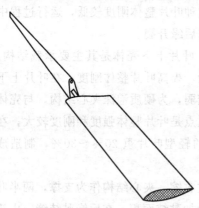

图2-12 带叶尖失速控制调速装置的定桨距叶片

由于叶片的安装角是固定的，即叶片固定在轮毂上不能转动，其结构简单，但是承受的载荷较大。但叶尖上有一段叶片是可以转动的。在额定风速以下时，可动的叶尖与整个叶片保持顺滑一致。当风速超过额定风速时，在机械动力或液压结构驱动下使叶尖转动一定角度，造成叶尖部分失速对风形成阻力，使风轮转速保持在额定转速，进而使发电机不会因超负荷而烧毁。同时，也可以使风轮停止转动，进行空气动力制动。目前，部分早期生产的风力发电机组采用定桨距叶片叶尖失速控制调速装置。定桨距叶片叶尖部分的长度占叶片全长的15%~20%，叶片为两段结构，如图2-12所示。

(二) 变桨距叶片

变桨距叶片用于变速恒频风力发电机组，叶片为整体结构，是目前叶片企业生产的主流产品。

三、叶片的运行

(一) 叶片疲劳特性

叶片由于要承受较大的风载荷，而且是在地球引力场中运行，重力变化相当复杂。以600kW风力发电机组为例，其额定转速大约为27r/min，在20年寿命期内，大约转动2×10^8次，叶片由于自重而产生相同次数的弯矩变化。

对于复合材料叶片来说，每种复合材料都或多或少存在疲劳特性问题，当它受到交变载荷时，会产生很高的载荷变化次数。如果材料所承受的载荷超过其相应的疲劳极限，它将限制材料的受力次数。当材料出现疲劳失效时，部件就会产生疲劳断裂。疲劳断裂通常从材料表面开始，然后是截面，最后到材料彻底破坏。

在叶片的结构强度设计中要充分考虑到所用材料的疲劳特性。首先要了解叶片所承受的力和力矩，以及在特定的运行条件下风载荷的情况。在受力最大的部位一般比较危险，在这些地方载荷很容易达到材料承受极限。叶片的重量完全取决于其结构形式，目前生产的叶片多为轻型叶片，承载好，而且很可靠。

（二）叶片载荷特性

欧共体风能协会制定的风力机设计标准中将载荷工况规定为设计情况与自然环境条件的组合，从而提出了正常载荷工况（指正常运行、偏航、开停机）、非常载荷工况（指极端风载、安装运输、危险状况）和事故载荷工况（飞车、叶片损坏）。

1. 三种载荷工况

（1）正常载荷工况

风力机正常运行期间，叶片承受的载荷很复杂，但可分为三大类：空气动力、重力和离心力。周期性载荷有风剪切、塔影、侧风等引起的周期性气动载荷及重力、离心力、陀螺力。非周期性载荷为风的湍流作用。在这些变载荷作用下，叶片的某些薄弱部位会发生破坏，达到足够的应力循环次数后，会发展到整体完全断裂。因此叶片除要满足一定的强度、刚度要求，还要将危险区域局部强度提高，进行疲劳设计，在不增加尺寸的情况下，提高叶片的使用寿命。

（2）非正常载荷工况

叶片承受极端风速一般定义为50年一遇，风速在50～60m/s。这种极端载荷作为一次性载荷处理，可达到正常工况载荷的3.5倍。要求叶片在如此大的载荷下不破坏，且有一定的剩余强度以承受。

（3）事故载荷工况

事故载荷工况特指风力机发生飞车事故时的载荷工况。这种载荷工况发生的概率很小，在这里不做过多的叙述。

2. 叶片的静动态载荷

叶片的静动态载荷一般指风力机风轮静止和旋转运行时的载荷工况。无论是哪种载荷，叶片的载荷都来自风轮运行时的各种风况和阵风。叶片所承受的最大载荷在设计时已给出，各种风况下的受力分析对叶片安全是十分重要的。静态和动态载荷是不同的。下面对各种载荷的基本情况进行简单介绍。

（1）静态载荷

① 最大受力：50年一遇的最大阵风作为最大静态载荷值，此时，风轮位于迎风状态，风力发电机组处于安全刹车状态，失速型风轮叶片处于初始安装角位置，变桨距风轮叶片从安装角处于升力最大值时很快顺桨。

② 最大弯矩：当重力和气动力在同一方向上。

③ 最大扭矩：当最大阵风时。

(2) 动态载荷

① 由阵风频谱的变化引起的受力变化。

② 风剪切影响引起的叶片动态载荷。

③ 偏航过程引起的叶片上作用力的变化。

④ 弯曲力矩变化是由于自重及升力产生的弯曲变形。

⑤ 在最大转速下，机械、空气动力刹车、风轮刹车情况。

⑥ 电网周期性变化。

⑦ 离心力载荷与弯曲力矩相比相差较大，分析时几乎可以略去。

3. 叶片受力

叶片上受力综合分析有三种：一是气动载荷引起的剪切力、弯矩和扭矩；二是重力对叶片产生的剪切力、拉压力、弯矩和扭矩；三是离心力对叶片产生的拉力、弯矩和扭矩。另外，还要考虑到陀螺力及湍流风对叶片的影响作用。

四、借助于风轮叶片的风力机功率调节

当风速达到某一值时，风力发电机组达到额定功率。由于风的随机性，自然风的速度变化常会超过这一风速，这种风速对于风力发电机组的各个部分都是一个严峻的考验。尤其是这种风速可以引起风力发电机的超载，发电机超载后会引起发电机过热问题，风力发电机组制造商一般会使发电机具备一定的过载能力。控制系统也允许发电机短时过载，但绝不能长时间或经常过载。所以风力发电机组必须有一套控制系统用来限制叶片转速和功率，使风力发电机组在大风或故障过载荷时得到保护。随着风力发电机组容量增大，相应的安全系统的重要性也越显重要。风力发电机组只有在这些保护功能的作用下，才能确保正常运行，输出良好的电能。

由于风速和功率是三次方的关系，当风力发电机组达到额定点以后，必须有相应的功率调节措施，使机组的输出功率不再增加。

目前主要有两种调节功率的方法，都是采用空气动力方法进行调节的：一种是定桨距（失速）调节方法；一种是变桨距调节方法。

（一）失速控制

失速控制主要是通过确定叶片翼型的扭角分布，使风轮功率达到额定点后，减少升力、提高阻力来实现的。失速控制是一种很好的功率调节方法，因为它无需任何附加转动部件，叶片刚性地固定在轮毂上，因此，其造价比较低。

在一般运行情况下，风轮上的动力来源于气流在翼型上流过产生的升力。由于风轮转速恒定，风速增加，叶片上的迎角随之增加，直到最后气流在翼型上表面分离而产生脱落，这种现象称为失速。一旦迎角达到失速点，叶片将进入失速区，C_L减小，C_D增加，这两个变化导致扭矩减小，功率也跟着减小。但由于阻力的增加，作用在机组上的力是增加的。应注意的是，失速不总是在同一迎角下，而与迎角变化有关（如阵风），是一个动态变化过程。在失速与气流恢复到正常流动之间，有滞后现象存在，造成叶片受力变化很大。

失速型机组对安装角比较敏感，叶片的安装角要尽量达到最佳，以免影响机组额定出

力。另外，失速型机组受空气密度的影响也比较大，在高海拔地区有可能达不到其额定输出。失速控制型机组的启动特性比较差，在风轮静止时，出现气流的扰动，那么启动力矩很小，主要是由于在叶片的表面上的流动气流变化而造成的。

并网型失速控制机组一般在启动时，发电机作为电动机来运行，这时从电网吸收的电能不多，风轮会很快加速到同步转速自动地由电动状态变为发电状态。失速控制的一个难题是如果风力发电机组脱网，风轮将加速，在这种情况下，迎角将减小，叶片将脱离失速区，导致风轮上的扭矩增加，这将加剧风轮超速的程度，因此，相对变桨距风力发电机组来说，在设计失速型风力发电机组的刹车系统时，更应注意其安全性。

失速控制风力发电机组风轮气流特性图，如图 2-13 所示。

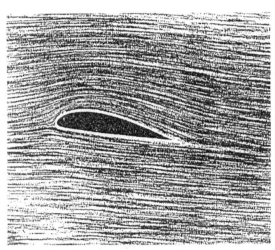
(a) 正常状态
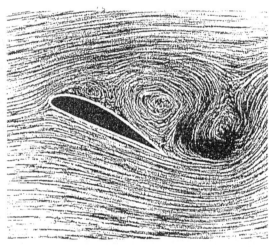
(b) 失速状态下的叶片

图 2-13　风力发电机组叶片状态

与变桨距机组相比，当超过额定风速时，迎角进入失速区，气动阻力变得很大，轴向推力随着风速增加而增加，因此，失速型风轮产生的轴向推力，随着风速继续增加时推力会增加，而且当功率恒定或稍微下降时也会这样。这样，失速控制型机组的各个部件与变桨距控制机组比，所承受的载荷要大。

失速控制机组必须有可靠的刹车系统，以保证风轮能停下来，这样在刹车机构和风轮上的载荷都要比变桨距机组大得多。功率的变化范围取决于何时开始失速。当气流速度变化越快时，瞬间迎角很大，很快使叶片产生部分的短时失速，当功率超过额定值时，功率也有相应的变化。

叶片失速后，阵风对功率波动影响不大，因为失速时升力变化不大，这一范围内产生的功率波动变化不大，与变桨距机组一样，气流失速就像变桨距机组的功率调节。当风速变化时，瞬时功率变化在失速时相对很小，而变桨距机组只有当变桨距速度很快时才能达到功率变化小的目的。

失速控制型风轮的优缺点如下。

(1) 优点

① 叶片和轮毂之间无运动部件，轮毂结构简单，费用低。

② 没有功率调节系统的维护费。
③ 在失速后功率的波动相对小。

(2) 缺点
① 气动刹车系统可靠性设计和制造要求高。
② 叶片、机舱和塔架上的动态载荷高。
③ 由于常需要刹车过程，在叶片和传动系统中产生很高的机械载荷。
④ 启动性差。
⑤ 机组承受的风载荷大。
⑥ 在低空气密度地区难以达到额定功率。

(二) 变桨距控制

变桨距控制主要是通过改变翼型迎角使翼型升力变化来进行调节的。变桨距控制多用于大型风力发电机组。变桨距控制是通过叶片和轮毂之间的轴承机构转动叶片来减小迎角，由此来减小翼型的升力，以达到减小作用在风轮叶片上的扭矩和功率的目的。变桨距调节时，叶片迎角可相对气流连续地变化，以便得到风轮功率输出达到希望的范围。在90°迎角时是叶片的顺桨位置。在风力发电机组正常运行时，叶片向小迎角方向变化而限制功率。一般变桨距范围为90°～100°。从启动角度0°到顺桨，叶片就像飞机的垂直尾翼一样。

除此之外，还有一种方式，即主动失速，又称负变距，就像失速一样进行调节。负变距范围一般在-5°左右。在额定功率点以前，叶片的桨距角是固定不变的，与定桨距风轮一样；在额定功率点以后（即失速点以后），由于叶片失速，导致风轮功率下降，风轮输出功率低于额定功率，为了补偿这部分损失，适当调整叶片的桨距角来提高风轮的功率输出。变桨距叶片变桨距时气流变化过程和叶片角度变化示意图，如图2-14所示。

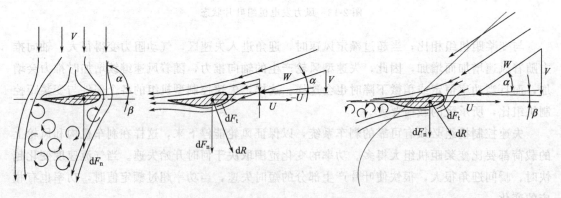

图2-14 变桨距叶片变桨距时气流连续变化图

当达到最佳运行时，一般已达到额定功率，就不再变桨了；70%～80%的运行时间在零至额定功率之间，这段范围内桨距处于非最佳状态，这样会产生很大的能量损失，而且确定最佳迎角由测量风速来决定，而风速测量往往不准确，反而产生负作用。由于阵风时，风轮叶片变桨反应滞后会产生能量损失，以至于最佳迎角在部分负载运行时无法达到稳定的调节。功率调节的好坏，与叶片变桨距速度有关。叶片变桨距速度应很快，以产生很小的风轮回转质量惯性力矩，且调节质量保持不变。

1. 变桨距控制型风轮的优缺点

（1）优点

① 启动性好。

② 刹车机构简单，叶片顺桨后风轮转速可以逐渐下降。

③ 额定点以前的功率输出饱满。

④ 额定点以后的输出功率平滑。

⑤ 风轮叶根承受的静、动态载荷小。

（2）缺点

① 由于有叶片变桨距机构，轮毂较复杂，可靠性设计要求高，维护费用高。

② 功率调节系统复杂，费用高。

2. 变桨距风力发电机组的控制方式

风力发电机组的变桨距系统主要包含两种控制方式，即并网前的速度控制与并网后的功率控制。由于异步电机的功率与速度是严格对应的，功率控制最终也是通过速度控制来实现。变桨距风轮的叶片在静止时，节距角为90°，这时气流对叶片不产生力矩，整个叶片实际上是一块阻尼板。当风速达到启动风速时，叶片向0°方向转动，直到气流对叶片产生一定的攻角，风轮开始启动。风轮从启动到额定转速，其叶片的节距角随转速的升高是一个连续变化的过程。根据给定的速度参考值，调整节距角，进行所谓的速度控制。

当转速达到额定转速后，电机并入电网。这时电机转速受到电网频率的牵制，变化不大，主要取决于电机的转差，电机的转速控制实际上已转为功率控制。为了优化功率曲线，在进行功率控制的同时，通过转子电流控制器对电机转差进行调整，从而调整风轮转速。当风速较低时，电机转差调整到很小（1%），转速在同步速附近；当风速高于额定风速时，电机转差调整到很大（10%），使尖速比得到优化，使功率曲线达到理想的状态。

变桨距执行机构及实物如图2-15、图2-16所示。

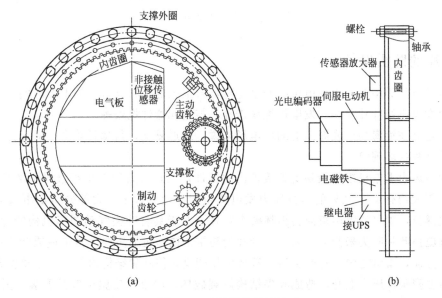

图 2-15 变桨距执行机构

图 2-16 变桨距执行机构实物

3. 变桨距控制系统简介

如图 2-17 所示,变桨距控制系统实际上是一个随动系统。变桨距控制器是一个非线性比例控制器,它可以补偿比例阀的死带和极限。变桨距系统的执行机构是液压系统,节距控制器的输出信号经 D/A 转换后,变成电压信号控制比例阀(或电液伺服阀),驱动油缸活塞,推动变桨距机构,使叶片节距角变化。活塞的位移反馈信号由位移传感器测量,经转换后输入比较器。

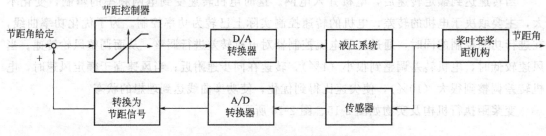

图 2-17 变桨距控制系统框图

五、叶片的防雷保护

雷击是自然界中对风力发电机组安全运行危害最大的一种灾害。闪电释放的巨大能量会造成风力发电机组叶片损坏、发电机绝缘击穿、控制元器件烧毁等。

对于建立在沿海高山或海岛上的风电场来说,地形复杂,雷暴日较多,应充分重视由雷击引起的叶片损坏现象。

叶片是风力发电机组中最易受直接雷击的部件,也是风力发电机组最昂贵的部件之一。全世界每年大约有 1‰~2‰ 的运行风力发电机组叶片遭受雷击,大部分雷击事故只损坏叶片的叶尖部分,少量的雷击事故会损坏整个叶片。对于具有叶尖气动刹车机构的叶片来说,可以通过更换叶片叶尖来修复。因此,叶片的防雷击措施更显重要。雷击造成叶片损坏的机理是:一方面,雷电击中叶片叶尖后,释放大量能量,使叶尖结构内部的温度急剧升高,引起气体高温膨胀,压力上升,造成叶尖结构爆裂破坏,严重时使整个叶片开裂;另一方面,雷击造成的巨大声波,对叶片结构造成冲击破坏。

试验研究表明：绝大多数的雷击点位于叶片叶尖的上翼面上。雷击对叶片造成的损坏取决于叶片的形式，与制造叶片的材料及叶片内部结构有关。如果将叶片与轮毂完全绝缘，不但不能降低叶片遭雷击的概率，反而会增加叶片的损坏程度。过去，在一些小型风力发电机组上试验过一种贴金属箔（片）的防雷击方法：在叶片的前缘从叶尖到叶根贴一长条金属窄条，将雷击电流经轮毂、机舱和塔架引入大地。

美国瞬变特性研究所对这种风力发电机组叶片样件做过雷击试验，电压 3.5×10^6 V、电流 2×10^4 A。经高电压试验后，叶片结构没有损坏，说明这种方法有一定的防雷效果。

丹麦研究机构、风力发电机组制造商和风电场共同研究风力发电机组叶片的防雷击措施，设计出了新的防雷装置，用一装在叶片内部大梁上的电缆将接闪器与叶片法兰盘连接。这套装置简单、可靠，与叶片具有相同的寿命。

IEC/TC88 工作组根据世界各国的经验和研究成果，制定了 IEC61400-24《风力发电机组防雷击保护》标准，其推荐的叶片防雷击导线截面积为 50mm^2，结构形式如图 2-18 所示。有关雷击的详细内容可以参考此标准。

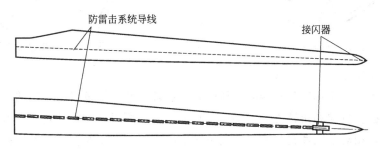

图 2-18 叶片防雷保护系统

第三节 轮 毂

轮毂是固定叶片，形成风轮系统，然后将风轮系统连接到主轴的重要部件。轮毂既是叶片安装的物理基础，又担负着将叶片收集的风能传递给主轴，把风力转化成扭矩的任务。对于变桨距机组的风轮轮毂，它还担负着改变叶片吸收风能的大小，从而使风轮保持转速稳定，进而达到使风力发电机组输出功率稳定的任务。

轮毂既承受叶片质量所引起的弯矩，又要承受风力所引起的压力，还要承受风轮轴对上述应力所产生的反作用力，而且所有这些载荷都是循环交变载荷，所以轮毂要有足够的强度和刚度。此外，轮毂应具有良好的密封性，不应有渗、漏油现象，并能避免水分、尘埃及其他杂质进入形体内部。机械加工以外的全部外露表面应涂防护漆，涂层应薄厚均匀，表面平整、光滑、颜色均匀一致。

一、轮毂结构

1. 刚性轮毂和铰链式轮毂

如果按照轮毂自身的结构特点划分，轮毂的结构形式分为刚性轮毂和铰链式轮毂（又称柔性轮毂）。

(1) 刚性轮毂

三叶片风轮大部分采用刚性轮毂，也是目前使用最广泛的一种形式。刚性轮毂的制造成本低、维护少、没有磨损，但它要承受所有来自风轮的力和力矩，相对来讲，承受风轮载荷高，后面的机械承载大。

刚性轮毂在结构上又分为半球形（图 2-19）和三圆柱形（图 2-20）等形式。丹麦 Vestas、Micon、Bonus、德国 Nodex 等机组均采用刚性轮毂。

图 2-19　半球形轮毂

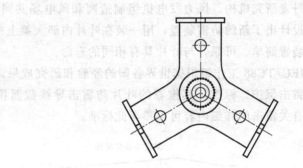

图 2-20　三圆柱形轮毂

(2) 铰链式轮毂（柔性轮毂）

铰链式轮毂常用于单叶片和两叶片风轮，铰链轴和叶片轴及风轮旋转轴互相垂直，叶片在挥舞方向、摆振方向和扭转方向上都可以自由活动，所以也称柔性轮毂。由于铰链式轮毂具有活动部件，相对于刚性轮毂来说，制造成本高，可靠性相对较低，维护费用高；它与刚性轮毂相比，所受力和力矩较小。对于两叶片风轮，两个叶片之间是刚性连接的，可绕联轴器活动。当来流在上下有变化或阵风时，叶片上的载荷可以使叶片离开原风轮旋转平面。

风轮轮毂的作用是传递风轮的力和力矩到后面的机械结构中去，由此叶片上的载荷可以传递到机舱或塔架上。

轮毂的结构主要如图 2-21 所示。它可以是铸造结构，也可以采用焊接结构，其材料可以是铸钢，也可以采用高强度球墨铸铁。由于高强度球墨铸铁具有不可替代的优越性，如铸造性能好、容易铸成，且减振性能好，应力集中敏感性低，成本低等，因而在风力发电机组中大量采用高强度球墨铸铁作为轮毂的材料。

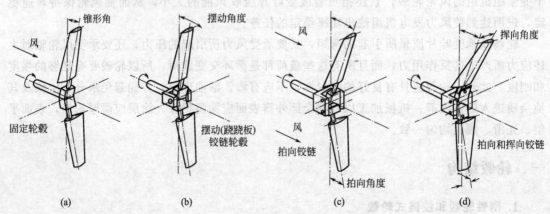

图 2-21　各种形式的铰链式轮毂

2. 定桨距机组轮毂和变桨距机组轮毂

如果按照叶片和轮毂的安装关系划分，轮毂的结构形式分为定桨距风力发电机组轮毂和变桨距风力发电机组轮毂。定桨距风力发电机组叶片和轮毂固定连接，不需要在轮毂处增设多余机构，所以定桨距风力发电机组轮毂就是一个铸造加工的壳体。变桨距风力发电机组叶片在变桨距驱动，控制箱等机构驱动、控制下，使得叶片节距角可调，所以该机型轮毂由轮毂壳体、变桨距轴承、变桨距驱动、控制箱等装置构成。变桨距轴承、变桨距驱动应能承受叶片的动、静态载荷，且应运转灵活，满足使用寿命、安全性和可靠性的要求。变桨距系统的控制系统应能按设计要求可靠地工作。

二、轮毂的安装和维护

对于刚性轮毂来说，其安装、使用和维护较简单，日常维护工作较少，只要在设计时充分考虑了轮毂的防腐问题，基本上可以说是免维护的。而柔性轮毂则不同，由于轮毂内部存在受力铰链和传动机构，其维护工作是必不可少的，维护时要注意受力铰链和传动机构的润滑、磨损及腐蚀情况，以免影响机组的正常运行。

第三章 机组传动系统

第一节 风力发电机组传动系统概述

风力发电机组传动系统的主要作用是将由风能产生的动力传递给风力发电机。但是,由风能推动的风轮系统转速往往相较于风力发电机要求的转速低很多,所以一般需要通过风力发电机组传动系统进行增速。

风力发电机组传动系统主要由主轴承、主轴、齿轮箱、联轴器等组成,其中不包括直驱型风力发电机组,如图 3-1 所示。

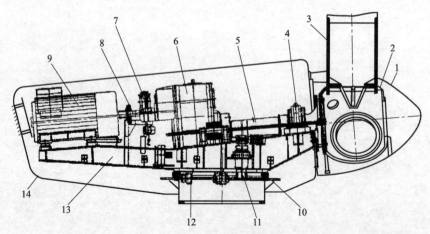

图 3-1 风力发电机组结构图

1—整流罩;2—轮毂;3—叶片;4—主轴承;5—主轴;6—齿轮箱;7—齿轮箱制动器;8—联轴器;9—发电机;10—偏航轴承;11—偏航电动机;12—偏航制动器;13—机舱底盘;14—机舱罩

一、风力发电机组总体传动形式

1. 一字形

如图3-2所示,这种布置形式是风力发电机组中采用最多的形式,其主要特点是对中性好,负载分布均匀;其缺点是占轴线长,可能使主轴太短,主轴承载荷较大。

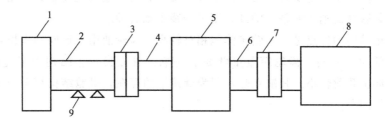

图3-2 一字形总体布局

1—轮毂;2—主轴;3,7—联轴器;4—齿轮箱低速轴;5—齿轮箱;
6—齿轮箱高速轴;8—发电机;9—主轴承

2. 回流式

如图3-3所示,其主要特点是可以缩短机舱长度,增加主轴长度,减少塔架负载的不均衡。

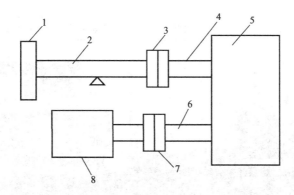

图3-3 回流式总体布局

1—轮毂;2—主轴;3,7—联轴器;4—齿轮箱低速轴;5—齿轮箱;
6—齿轮箱高速轴;8—发电机

3. 分流式

这种形式较少见,一般在设计中不主张采用。

二、风力发电机组传动链形式

风力发电机组的传动链形式主要是指齿轮箱和主轴的结构特点。齿轮箱和主轴是直接连接风力发电机组传动系统的主要传动构件,它们的结构是由风力发电机组的传动链形式所决定的。由于风力发电机的齿轮箱和主轴结构设计不同,目前风力发电机组的传动链有以下4种方式。

1. 主轴完全独立结构

完全独立是指主轴与齿轮箱在功能和结构上是完全独立的，主轴与齿轮箱间靠联轴器进行连接。这种形式的主轴安装在独立的前后两个轴承支架上，主轴独立地承受风轮自重产生的弯曲力矩和风轮的轴向推力，所以主轴部件必须配置推力轴承。主轴组件与齿轮箱分别安装在机舱底盘上，然后由联轴器把它们连接起来。主轴的结构特点是一头大一头小，大头是安装轮毂的法兰盘，小头是安装联轴器的轴头。紧挨着法兰盘的是前轴颈，用于安装主轴前轴承。靠近安装联轴器轴头的是后轴颈，用于安装主轴后轴承。

独立齿轮箱结构的优点是：齿轮箱体积相对较小，齿轮油用量比同功率齿轮箱、主轴一体结构的机组低50%左右，齿轮箱重量低30%左右。独立齿轮箱结构刹车过程较为平稳，齿轮箱承受的冲击载荷较小。其缺点是：因为低速轴的存在，机舱结构相对拥挤，需对低速轴轴承单独进行润滑。

2. 主轴半独立结构

主轴半独立结构只有一组前轴承托架，后轴承是与齿轮箱共用的。这种结构决定了主轴与齿轮箱共同承受风轮自重产生的弯曲力矩和风轮的轴向推力，所以齿轮箱的第一轴必须使用推力轴承，同时要求齿轮箱的箱体必须厚重些，以满足强度要求。这种结构的主轴与齿轮箱间采用半刚性的胀套连接或刚性的法兰连接，然后才将前轴承托架安装在底盘上。齿轮箱一般采用浮动托架安装。这种主轴是有锥度的，如此设计反映了轴上弯矩的减小，又节省了材料、减轻了重量。主轴半独立结构如图3-4所示。

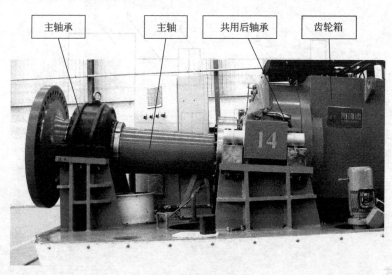

图3-4 半独立结构实例

3. 齿轮箱、主轴一体结构

齿轮箱、主轴一体结构是将齿轮箱的第一轴直接作为主轴使用，如图3-5所示。这种方式省去了主轴组件，因此齿轮箱必须尽可能靠前安装。齿轮箱的第一轴完全承受风轮自重产生的弯曲力矩和风轮的轴向推力，齿轮箱的第一轴必须十分粗大，齿轮箱的厚度应大于其第一轴前轴承到风轮的距离，这样是为了减小弯曲力矩带来的轴承载荷。齿轮箱的第一轴必须使用推力轴承，以承受风轮的轴向推力，所以齿轮箱比前两种又厚重了很多。

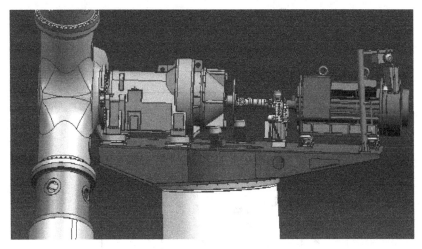

图 3-5 齿轮箱、主轴一体结构

这种结构材料及重量减少不了多少,但由于零部件的减少使故障率有所降低,同时安装工作量大幅度减少,这是这种结构的突出优点。另外,因将低速轴与齿轮箱合为一体,机舱结构相对宽敞,齿轮油直接对低速轴轴承进行润滑,免去了运行人员的维护任务。

齿轮箱、主轴一体结构的缺点是:体积较大、较重、结构相对复杂、造价较高。齿轮箱要直接承受来自叶轮的冲击载荷,在刹车过程中齿轮箱也要承受较大的载荷,因此对齿轮箱自身质量要求较高。

4. 直驱型无齿轮箱结构

直驱型风力发电机组不使用齿轮箱,采用风轮与发电机转子共用一个轴的方式。这种方式传动链最短,使用的零部件最少,所以故障率也最低。在维修困难的地方,使用直驱型风力发电机组是最佳的选择,例如在山顶或海上。直驱型机组是大型风力发电机组的发展方向。直驱型无齿轮箱的结构特点是用一个铸造的 L 形心轴,短边的端面与偏航系统的转盘轴承固定连接,长边为心轴。心轴上安装有前后两组轴承,风轮发电机轴为一空心轴,其上套装发电机转子和风轮后,通过空心轴内两端的轴承组安装在心轴上。这种结构的风轮不是悬臂状态,动态稳定性好、寿命长、可靠性高。

第二节 主轴及主轴承

在风力发电机组主轴完全独立结构和主轴半独立结构中,主轴安装在风轮和齿轮箱之间,前端通过螺栓与轮毂刚性连接,后端与齿轮箱低速轴连接,承受力大且复杂。受力形式主要有轴向力、径向力、弯矩、转矩和剪切力,风力机每经历一次启动和停机,主轴所受的各种力都将经历一次循环,因此会产生循环疲劳。所以,主轴需要具有较高的综合力学性能。

根据受力情况,主轴被做成变截面结构。在主轴中心有一个轴心通孔,作为控制机构穿

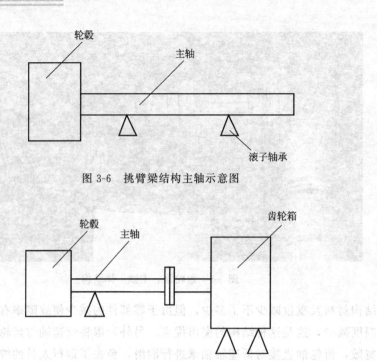

图 3-6　挑臂梁结构主轴示意图

图 3-7　悬臂梁结构示意图

过电缆的通道。主轴的主要结构一般有两种，分别是如图 3-6 所示的挑臂梁结构和如图 3-7 所示的悬臂梁结构。挑臂梁结构的主轴由两个轴承架所支撑。悬臂梁结构的主轴，一个支撑为轴承架，另一支撑为齿轮箱，也就是所谓三点式支撑。这种结构的优点是前支点为刚性支撑，后支点（齿轮箱）为弹性支撑，因此能够吸收来自叶片的突变负载。

值得注意的是，由于主轴承担了支撑轮毂处传递过来的各种负载的作用，并将扭矩传递给增速齿轮箱，将轴向推力、气动弯矩传递给机舱、塔架，所以，在结构允许的条件下，通常应将主轴尽量设计得保守一些。

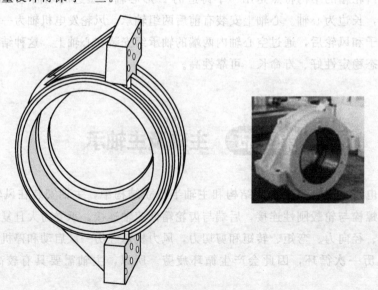

图 3-8　轴承座

通常，主轴承选用调心滚子轴承，这种轴承装有双列球面滚子，滚子轴线倾斜于轴承的旋转轴线。其外圈滚道呈球面形，因此滚子可在外圈滚道内进行调心，以补偿轴的挠曲和同心误差。轴承的滚道型面与球面滚子型面非常匹配。双排球面滚子在具有三个固定挡边的内圈滚道上滚动，每排滚子均有一个黄铜实体保持架或钢制冲压保持架。通常在外圈上设有环形槽，其上有三个径向孔，用作润滑油通道，使轴承得到极为有效的润滑。轴承的套圈和滚子主要用铬钢制造并经淬火处理，具备足够的强度、高的硬度和良好的韧性和耐磨性。轴承座与机舱底盘固接，图 3-8 所示为轴承座。

主轴承运行过程中，在轴承盖处有微量渗油是允许的，如果出现大量油脂渗出时，必须停机检查原因。渗出的润滑脂按有关环保法规要求处理，不允许重新注入轴承使用。

第三节 联轴器

联轴器是一种通用元件，种类很多，用于传动轴的连接和动力传递，可以分为刚性联轴器（如刚性胀套联轴器）和挠性联轴器两大类。挠性联轴器又分为无弹性元件联轴器（如万向联轴器）、非金属弹性元件联轴器（如轮胎联轴器）、金属弹性元件联轴器（如膜片联轴器）。刚性联轴器常用在对中性好的两个轴的连接，而挠性联轴器则用在对中性较差的两个轴的连接。挠性联轴器还可以提供一个弹性环节，该环节可以吸收轴系外部负载波动产生的额外能量，如振动。

在风力发电机组中，通常在低速轴端（主轴与齿轴箱低速轴连接处）选用刚性联轴器，一般多选用胀套式联轴器、柱销式联轴器等。在高速轴端（发电机与齿轮箱高速轴连接处）选用挠性联轴器。

一、刚性胀套式联轴器

刚性胀套式联轴器结构如图 3-9 所示。它是靠拧紧高强度螺栓使包容面产生压力和摩擦力来传递负载的一种无键连接方式，可传递转矩、轴向力或两者的复合载荷，承载能力高，

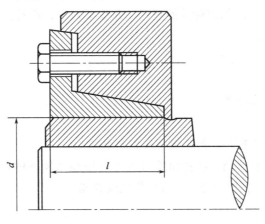

图 3-9 胀紧连接套

定心性好，装拆或调整轴与毂的相对位置方便，可避免零件因键连接而削弱强度，提高了零件的疲劳强度和可靠性。刚性胀套式联轴器是一种新型传动连接方式。

1. 刚性胀套式联轴器的优点

胀套式联轴器与一般过盈连接、无键连接相比，具有许多独特的优点。

① 制造和安装简单。安装胀套的轴和孔的加工不像过盈配合那样要求高精度的制造公差。安装胀套也无需加热、冷却或加压设备，只需将螺栓按规定的扭矩拧紧即可，并且调整方便，可以将轮毂在轴上很方便地调整到所需位置。

② 有良好的互换性，且拆卸方便。这是因为胀套能把较大配合间隙的轮毂连接起来。拆卸时将螺栓拧松，即可使被连接件容易地拆开。

③ 可以承受重负载。胀套结构可做成多种式样，一个胀套不够，还可多个串联使用。

④ 胀套的使用寿命长，强度高。因为它是靠摩擦传动，对被连接件没有键槽削弱，也没有相对运动，工作中不会磨损。胀套在胀紧后，接触面紧密贴合，不易锈蚀。胀套在超载时，可以保护设备不受损坏。

图 3-9 所示为胀紧连接套。

2. 刚性胀套式联轴器的使用和维护

(1) 连接前的准备工作

① 结合件的尺寸应使用符合 GB/T 1957—1981《光滑极限量规》规定的量规，或按 GB/T 3177—1997《光滑工件尺寸的检验》所规定的方法进行检验。

② 结合表面必须无污物、无腐蚀和无损伤。

③ 在清洗干净的胀套表面和结合件的结合表面上，均匀涂一层薄润滑油（不应含二硫化钼添加剂）。

(2) 胀套的安装

① 把被连接件推移到轴上，使其达到设计规定的位置。

② 将拧松螺钉的胀套平滑地装入连接孔处，要防止结合件的倾斜，然后用手将螺钉拧紧。

(3) 拧紧胀套螺钉的方法

① 胀套螺钉应使用力矩扳手按对角、交叉均匀地拧紧。

② 螺钉的拧紧力矩 MA 值按标准的规定，并按下列步骤拧紧：

- 以 $1/3MA$ 值拧紧；
- 以 $1/2MA$ 值拧紧；
- 以 MA 值拧紧；
- 以 MA 值检查全部螺钉。

(4) 胀套的拆卸

① 拆卸时先松开全部螺钉，但不要将螺钉全部拧出。

② 取下镀锌的螺钉和垫圈，将拉出螺钉旋入前压环的辅助螺孔中，轻轻敲击拉出螺钉的头部，使胀套松动，然后拉动螺钉，即可将胀套拉出。

(5) 防护

① 安装完毕后，在胀套外露端面及螺钉头部涂上一层防锈油脂。

② 在露天作业或工作环境较差的机器，应定期在外露的胀套端面上涂防锈油脂。

③ 需在腐蚀介质中工作的胀套，应采用专门的防护（例如加盖板）以防胀套锈蚀。

二、挠性联轴器

风力发电机组高速轴端（发电机与齿轮箱高速轴连接处）一般选用挠性联轴器，如轮胎联轴器、万向联轴器或十字节联轴器。

1. 风力发电机组挠性联轴器的特点

① 强度高，承载能力大。由于风力发电机组的传动轴系有可能发生瞬时尖峰载荷，故联轴器的许用瞬时最大转矩为许用长期转矩的 3 倍以上。

② 弹性高，阻尼大，具有足够的减振能力。把冲击和振动产生的振幅降低到允许的范围内。

③ 具有足够的补偿性，满足工作时两轴发生位移的需要。

④ 工作可靠性能稳定，对具有橡胶弹性元件的联轴器还具有耐热性、不易老化等特性。

2. 轮胎联轴器

图 3-10 所示为轮胎式联轴器的一种结构，外形呈轮胎状的橡胶元件与金属板硫化黏结在一起，装配时用螺栓直接与两半联轴器连接。

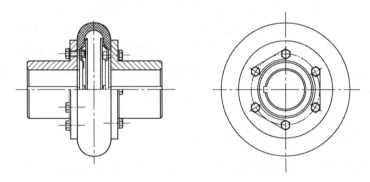

图 3-10　轮胎式联轴器构图

采用压板、螺栓固定连接时，橡胶元件与压板接触压紧部分的厚度应稍大一些，以补偿压紧时压缩变形，同时应保持有较大的过渡圆角半径，以提高疲劳强度。

橡胶元件的材料有两种，即橡胶和橡胶织物复合材料，前一种材料的弹性高，补偿性能和缓冲减振效果好，后一种材料的承载能力大。当联轴器的外径大于 300mm 时，一般都用橡胶织物复合材料制成。

轮胎式联轴器的特点是具有很高的柔度，阻尼大，补偿两轴相对位移量大，而且结构简单，装配容易。相对扭转角 $\varphi = 6° \sim 30°$。

轮胎式联轴器的缺点是随扭转角增加，在两轴上会产生相当大的附加轴向力。同时在高速下运转时，由于外径扩大，也会引起轴向收缩而产生较大的轴向拉力。为了消除或减轻这种附加轴向力对轴承寿命的影响，安装时宜保持有一定量的轴向预压缩变形。

3. 万向联轴器

万向联轴器是一类允许两轴间具有较大角位移的联轴器，适用于有大角度位移的两轴之间的连接,一般两轴的轴间角最大可达35°~45°,而且在运转过程中可以随时改变两轴的轴间角。

在风力发电机组中,万向节联轴器也得到广泛的应用。例如在国产600kW与WD50-750kW风力发电机组中,就在高速轴端采用了十字轴式万向联轴器,如图3-11所示。

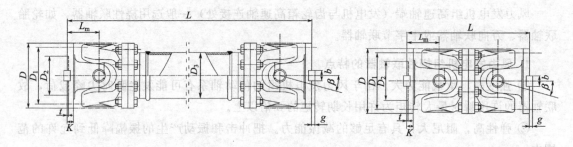

图3-11 十字轴式双万向联轴器

第四节 齿轮箱

风力发电机组的齿轮箱对于非直驱式水平轴机组是必不可少的。其主要功能是将风轮在风力作用下所产生的动力传递给发电机并使其得到相应的转速。由于并网型风力发电机组启停较为频繁,叶轮本身转动惯量又很大,风力发电机组的风轮转速一般都设计在几十转/分。机组容量越大,叶轮直径越长,转速相对就越低,为满足发电机的转速工作条件,在风轮和发电机之间就需要配置齿轮箱增速。故也将齿轮箱称为增速箱。

一、风力发电机组齿轮箱的工作特性

风力发电机组通常情况下安装在高山、荒野、海滩、海岛等野外风口处,受无规律的变向、变载荷的风力作用以及强阵风的冲击,常年经受酷暑、严寒和极端温差的影响,加之所处自然环境交通不便,齿轮箱安装在塔顶机舱内的狭小空间内,一旦出现故障,修复非常困难,故对其可靠性和使用寿命都提出了比一般机械高得多的要求。所以,对于风力发电机组齿轮箱的构件材料提出了更高的要求。除了常规状态下力学性能外,还应该具有以下条件。

① 低温状态下抗冷脆性等特性。
② 应保证齿轮箱平稳工作,防止振动和冲击。
③ 保证充分的润滑条件等。
④ 对冬夏温差巨大的地区,要配置合适的加热和冷却装置。
⑤ 要设置监控点,对风力发电机组齿轮箱的运转和润滑状态进行遥控。

二、风力发电机组齿轮箱

齿轮箱按输入输出轴的变比可分为减速箱和增速箱。一般风力发电机组齿轮箱指的是风

力发电机组主传动链上使用的齿轮箱,而该齿轮箱一般是增速箱。但是在风力发电机组中也有属于减速箱的齿轮箱,如偏航系统与变桨距系统使用的是减速箱。

1. 齿轮箱的类型与特点

齿轮箱按内部传动链结构可分为平行轴结构齿轮箱、行星结构齿轮箱和平行轴与行星混合结构齿轮箱。图3-12~图3-14所示为行星齿轮系图解。

平行轴结构齿轮箱一级的传动比比较小,多级可获得大的传动比,但体积较大。平行轴结构齿轮箱的输入轴和输出轴是平行轴,不在同一条直线上。平行轴结构齿轮箱的噪声较大。人们通过研究发现,圆柱齿轮传动比为2.9时齿轮箱的体积最小,但当传动比上升到4.3或下降到2.1时,体积只增加10%。这对选定齿轮箱的结构具有指导意义。

行星齿轮箱是由一圈安装在行星架上的行星轮、内侧的太阳轮和外侧与其啮合的齿圈组成,其输入轴和输出轴在同一条轴线上。太阳轮和行星轮是外齿轮,而齿圈是内侧齿轮,它

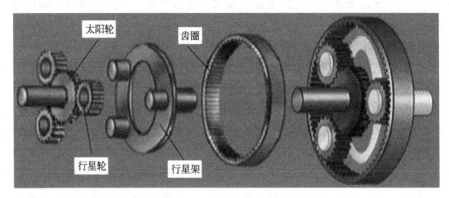

图3-12 行星齿轮系图解

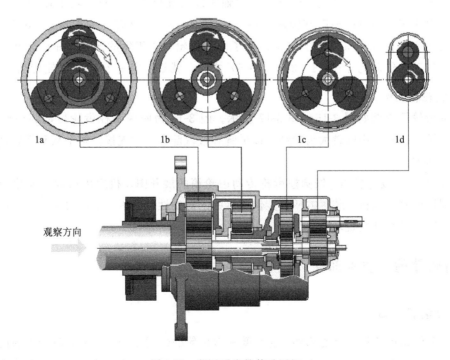

图3-13 行星系齿轮传动图解

图 3-14 行星系齿轮传动实物拆解

的齿开在里面。一般情况下,不是内齿圈就是太阳轮被固定,但是如果内齿圈被固定,那么齿轮系的传动比就比较大。

行星齿轮箱结构比较复杂,但是由于载荷被行星轮平均分担而减小了每一个齿轮的载荷,所以传递相同功率时行星齿轮箱比平行轴齿轮箱的体积要小得多。由于内齿圈与行星轮之间减少了滑动,使其传动效率高于平行轴齿轮箱。同时,行星齿轮箱的噪声也比较小。

平行轴与行星混合结构齿轮箱是综合平行轴齿轮与行星齿轮传动的优点而制造的多级齿轮箱。风力发电机组使用它的目的是为了缩小体积、减轻重量、提高承载能力和降低成本。

风力发电机组主传动齿轮箱的种类很多,按照传统类型可分为平行轴圆柱齿轮箱、行星齿轮箱以及它们互相组合起来的齿轮箱;按照传动的级数可分为单级和多级齿轮箱;按照转动的布置形式又可分为展开式、分流式和同轴式以及混合式等。对于功率在 300~2000kW 的风力发电机组,风轮的最高旋转速度在 17~48r/min,驱动转速为 1500r/min 的发电机,齿轮箱的增速比在(1∶31)~(1∶88)。为了使大齿轮与小齿轮的使用寿命比较相近,一般每级齿轮传动的传动比应在(1∶3)~(1∶5)之间,就是说应用 2~3 级齿轮传动来实现。

2. 齿轮箱图例

各种齿轮箱图例如图 3-15~图 3-17 所示。图 3-15 为两级圆柱齿轮传动齿轮箱的展开图。输入轴大齿轮和中间轴大齿轮都是以平键和过盈配合与轴连接,两个从动齿轮都采用了轴齿轮的结构。

图 3-16 为一级行星和一级圆柱齿轮传动齿轮箱的展开图。机组传动轴与齿轮箱行星架轴之间利用胀紧套连接,装拆方便,能保证良好的对中性,且减少了应力集中。行星传动机构利用太阳轮的浮动实现均载。

三、齿轮箱的主要零部件

(一)齿轮箱体

齿轮箱体是齿轮箱的重要部件,它承受来自风轮的作用力和齿轮传动时产生的反力。箱体必须具有足够的刚性去承受力和力矩的作用,防止变形,保证传动质量。齿轮箱体的主要作用首先是固定轴承的空间位置，再通过轴承固定轴的空间位置。其次，将轴上的力通过轴承在齿轮箱体和风轮轴托架上得到平衡，通过轴承使轴能够转动以传递扭矩。还可以用于安装轴承及齿轮的润滑系统及安全监测系统。

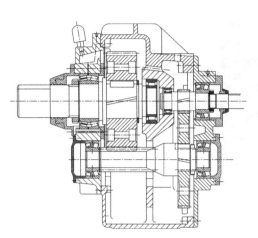

图 3-15　两级平行轴圆柱齿轮传动齿轮箱

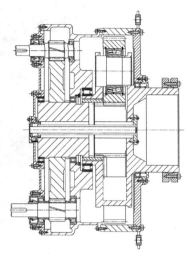

图 3-16　一级行星和一级圆柱齿轮传动齿轮箱

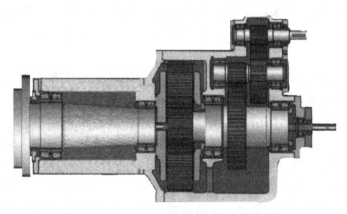

图 3-17　一级行星，二级平行轴齿轮箱结构

箱体的设计应按照风力发电机组动力传动的布局、加工和装配、检查以及维护等要求来进行。应注意轴承支撑和机座支撑的不同方向的反力及其相对值，选取合适的支撑结构和壁厚，增设必要的加强筋。筋的位置需与引起箱体变形的作用力的方向相一致。箱体的应力情况十分复杂且分布不匀。

采用铸铁箱体，可发挥其减振性、易于切削加工等特点，适于批量生产。常用的材料有球墨铸铁和其他高强度铸铁。设计铸造箱体时，应尽量避免壁厚突变，减小壁厚差，以免产生缩孔和疏松等缺陷。

用铝合金或其他轻合金制造的箱体，可使其重量较铸铁轻 20%～30%，但从另一角度考虑，轻合金铸造箱体，降低重量的效果并不显著。这是因为轻合金铸件的弹性模量较小，为了提高刚性，设计时常需加大箱体受力部分的横截面积，在轴承座处加装钢制轴承座套，相应部位的尺寸和重量都要加大。目前除了较小的风力发电机组尚用铝合金箱体外，大型风

图 3-18 齿轮传动

力发电齿轮箱应用轻铝合金铸件的已不多见。

单件、小批生产时，常采用焊接或焊接与铸造相结合的箱体。为减小机械加工过程和使用中的变形，防止出现裂纹，无论是铸造或是焊接箱体，均应进行退火、时效处理，以消除内应力。

为了便于装配和定期检查齿轮的啮合情况，在箱体上应设有观察窗。机座旁一般设有连体吊钩，供起吊整台齿轮箱用。箱体支座的凸缘应具有足够的刚性，尤其是作为支撑座的耳孔和摇臂支座孔的结构，其支撑刚度要做仔细的校核计算。为了减小齿轮箱传到机舱机座的振动，齿轮箱可安装在弹性减振器上。最简单的弹性减振器是用高强度橡胶和钢垫做成的弹性支座块，合理使用也能取得较好的结果。箱盖上还应设有透气罩、油标或油位指示器。在相应部位设有注油器和放油孔。放油孔周围应留有足够的放油空间。采用强制润滑和冷却的齿轮箱，在箱体的合适部位设置进出油口和相关的液压件的安装位置。

为了降低齿轮箱噪声并使主轴、齿轮箱、发电机三者易于保证同轴度，多数齿轮箱采用浮动安装结构；齿轮箱的左右两侧有对称的托架梁，或齿轮箱两侧各有一个大耳朵孔，用于浮动安装。不浮动安装的齿轮箱箱体底面有安装用法兰，直接安装在底盘上。

齿轮箱耳环滚轴式浮动支撑的结构特点是：齿轮箱体两侧铸造有支撑耳环，经机械加工后在孔内穿入支撑轴，支撑轴两端安装有圆形支座；底盘两侧铸造有双柱支撑架，支撑架上有经过加工的剖分式支撑孔，将橡胶缓冲减振套套装在圆形支座上，然后把齿轮箱安放在双柱支撑架上，最后安装好支撑架上盖。这种结构机械加工工作量较大，成本比梁式结构可能会高一些，但可以实现三个自由度的浮动。箱体支座的凸缘和横梁应具有足够的刚性，尤其是作为支撑座的耳孔结构，其支撑刚度要进行仔细的核算。为了减小齿轮箱传递到机舱机座的振动，齿轮箱可以安装在弹性减振器上，这种安装方法习惯上称为浮动支撑。最简单的弹性减振器是用高强度橡胶和钢垫做成的弹性支座块和弹簧，合理使用可取得较好的效果。

(二）齿轮

齿轮的作用是传递扭矩，轮系还可以改变转速和扭矩。齿轮传动如图 3-18 所示。为了很好地实现上述功能，要求齿轮心部韧性大，齿面硬度高，传动噪声还要小，因此对齿轮的材料、结构、加工工艺都有着很严格的要求。风力发电机组运转环境非常恶劣，受力情况复杂，要求所用的材料除了要满足机械强度条件外，还应满足极端温差条件下所具有的材料特性，如抗低温冷脆性、冷热温差影响下的尺寸稳定性等。

对齿轮类零件而言，由于对其传递动力的作用要求极为严格，一般情况下不推荐采用装配式拼装结构或焊接结构，齿轮毛坯只要在锻造条件允许的范围内，都采用轮辐轮缘整体锻件的形式。当齿轮顶圆直径在二倍轴径以下时，由于齿轮与轴之间的连接困难，常制成轴齿轮的形式。为了提高承载能力，齿轮一般都采用优质合金钢制造。

风力发电机组齿轮箱中的齿轮，应优先选用斜齿轮、螺旋齿轮及人字齿轮，这几种齿轮几个齿同时啮合，具有传动噪声小、承载能力强的优点。

（三）轴承

滚动轴承结构与装配图如图 3-19 和图 3-20 所示。

齿轮箱的支撑中，大量应用滚动轴承，其特点是静摩擦力矩和动摩擦力矩都很小，即使载荷和速度在很宽范围内变化时也如此。滚动轴承的安装和使用都很方便，但是，当轴的转速接近极限转速时，轴承的承载能力和寿命急剧下降，高速工作时的噪声和振动比较大。齿轮传动时轴和轴承的变形引起齿轮和轴承内外圈轴线的偏斜，使轮齿上载荷分布不均匀，会降低传动件的承载能力。由于载荷不均匀性而使轮齿经常发生断齿的现象，在许多情况下又是由于轴承的质量和其他因素，如剧烈的过载而引起的。选用轴承时，不仅要根据载荷的性质，还应根据部件的结构要求来确定。

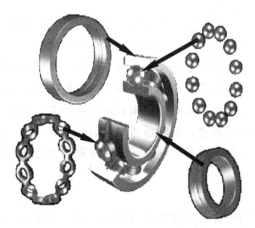

图 3-19　滚动轴承图解

在风力发电机组运转过程中，在安装、润滑、维护都正常的情况下，轴承由于套圈与滚动体的接触表面经受交变载荷的反复作用而产生疲劳剥落。一般情况下，首先在表面下出现细小裂纹。在继续运转过程中，裂纹逐步增大，材料剥落，产生麻点，最后造成大面积剥落。疲劳剥落若发生在寿命期限之外，则属于滚动轴承的正常损坏。因此，一般所说的轴承

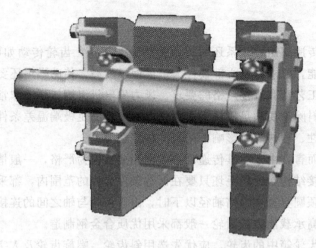

图 3-20 滚动轴承装配剖面图

寿命指的是轴承的疲劳寿命。一批轴承的疲劳寿命总是分散的，但总是服从一定的统计规律，因而轴承寿命总是与损坏概率或可靠性相联系。

对于轴承损坏，实践中主要凭借轴承支撑工作性能的异常来辨别。运转不平稳和噪声异常，往往是轴承滚动面受损或因磨损导致径向游隙增大而产生损坏的反映。当机组运转时支撑有沉重感，不灵便，摩擦力大，一般是由于滚道损坏、轴承过紧或润滑不良造成的损坏。其表现就是温度升高。在日常运转过程中，当工作条件没有变，而温度突然上升，通常就是轴承损坏的标志。在监控系统中可以用温度或振动测量装置检测箱体的轴承部位，以便及时发现轴承工作性能方面的变化。

在风力发电齿轮箱上常采用的轴承有圆柱滚子轴承、圆锥滚子轴承、调心滚子轴承等。在所有的滚动轴承中，调心滚子轴承的承载能力最大，且能够广泛应用在承受较大负载或者难以避免同轴误差和挠曲较大的支撑部位。

调心滚子轴承装有双列球面滚子，滚子轴线倾斜于轴承的旋转轴线。其外圈滚道呈球面形，因此滚子可在外圈滚道内进行调心，以补偿轴的挠曲和同心误差。这种轴承的滚道型面与球面滚子型面非常匹配。双排球面滚子在具有三个固定挡边的内圈滚道上滚动，中挡边引导滚子的内端面。当带有滚子组件的内圈从外圈中向外摆动时，则由内圈的两个外挡边保持滚子。每排滚子均有一个黄铜实体保持架或钢制冲压保持架。通常在外圈上设有环形槽，其上有三个径向孔，用作润滑油通道，使轴承得到极为有效的润滑。轴承的套圈和滚子主要用铬钢制造并经淬火处理，具备足够的强度、高的硬度和良好的韧性和耐磨性。

（四）密封

齿轮箱轴伸部位的密封一方面应能防止润滑油外泄，同时也能防止杂质进入箱体内。常用的密封分为非接触式密封和接触式密封两种。

1. 非接触式密封

所有的非接触式密封不会产生磨损，使用时间长。轴与端盖孔间的间隙形成的密封，是一种简单密封。间隙大小取决于轴的径向跳动大小和端盖孔相对于轴承孔的不同轴度。在端盖孔或轴颈上加工出一些沟槽，一般 2～4 个，形成所谓的迷宫，沟槽底部开有回油槽，使外泄的油液遇到沟槽改变方向，输回箱体中。也可以在密封的内侧设置甩油盘，阻挡飞溅的油液，增强密封效果。

2. 接触式密封

接触式密封使用的密封件应密封可靠、耐久、摩擦阻力小，容易制造和装拆，应能随压力的升高而提高密封能力和有利于自动补偿磨损。常用的旋转轴用唇形密封圈有多种形式，可按标准选取（见标准 GB 13871—1992 或与之等效的 ISO 6194/1—1982）。密封部位轴的表面粗糙度 $Ra=0.2\sim0.63\mu m$。与密封圈接触的轴表面不允许有螺旋形机加工痕迹。轴端应有小于 30°的导入倒角，倒角上不应有锐边、毛刺和粗糙的机加工残留物。

（五）齿轮箱的润滑系统

齿轮箱的润滑十分重要，润滑系统的功能是在齿轮和轴承的相对运动部位上保持一层油膜，使零件表面产生的点蚀、磨损、粘连和胶合等破坏最小。良好的润滑系统能够对齿轮和轴承起到足够的保护作用。润滑系统设计与工作的优劣直接关系到齿轮箱的可靠性和使用寿命。

1. 齿轮箱润滑系统的分类

齿轮箱常采用飞溅润滑或强制润滑。对于飞溅润滑方式，其结构简单，箱体内无压力，渗漏现象较少。但是个别润滑点可能会因为油位偏低或冬季低温润滑油黏度增大、飞溅效果减弱而发生润滑不良现象。

对于强制润滑方式，其结构相对复杂，润滑管路由于存在压力，关键润滑点都有可靠润滑，且液压泵强制循环有利于润滑油的热量均匀和快速传递，但是产生渗漏的概率也随之增大。齿轮箱的润滑多为强制润滑系统，设置有液压泵、过滤器，下箱体作为油箱使用，液压泵从箱体吸油口抽油后，经过过滤器输送到齿轮箱的润滑管路上，再通过管系将油送往齿轮箱的轴承、齿轮等各个润滑部位。管路上装有各种监控装置，可以确保齿轮箱在运转当中不会出现断油。同时，还配备有电加热器和强制循环或制冷降温系统。

采用哪种润滑方式，主要取决于齿轮箱设计结构的需要。但是，在寒冷地区采用飞溅润滑方式更应当注意润滑油的加热问题，并加强油位监测。对于没有润滑油过滤装置的机组，还应当根据现场情况考虑加装过滤装置或定期滤油，以提高齿轮箱运行的可靠性。

在齿轮箱运转前先启动润滑油泵，待各个润滑点都得到润滑后，间隔一段时间方可启动风力发电机组。当环境温度较低时，例如小于 10℃，必须先接通电热器加热机油，达到预定温度后再投入运行。若油温高于设定温度（一般为 65℃），机组控制系统将使润滑油进入系统的冷却管路，经冷却器冷却降温后再进入齿轮箱。管路中还装有压力传感器，以监控润滑油的正常供应。

2. 风力发电机组的齿轮箱润滑系统

在机组润滑系统中，齿轮泵从油箱将油液经滤油器输送到齿轮箱的润滑系统，对齿轮箱的齿轮和传动件进行润滑，管路上装有各种监控装置，确保齿轮箱在运转当中不会出现断油。保持油液的清洁十分重要，即使是第一次使用的新油，也要经过过滤。系统中除了主滤油器以外，最好加装旁路滤油器或辅助滤油器，以确保油液的洁净。

(六) 齿轮箱润滑系统中的润滑油

风力发电机组分布广泛，各地气候条件差异很大。沿海地区空气湿度大，盐雾重，年均气温较高；北方地区温差较大，冬季寒冷，风沙较强。对于机组齿轮箱润滑系统来说，首要考虑的是气温差异的因素，湿度、风沙、盐雾等因素的影响相对较小。由于风力发电机组运行的环境温度一般不超过40℃，且持续时间不长，因此，用于风力发电机组齿轮箱的润滑油一般对高温使用性能无特殊要求。在油品的低温性能上，根据风力发电机组运行环境温度的不同，其要求也不尽相同。对于环境温度高于-10℃的地区，所用润滑油不需特别考虑低温性能，大多数润滑油都能满足使用要求。在环境温度较低的寒区，冬季气温最低的月份气温在-20℃以下，有时连续数日在-30℃左右，这就对油品的低温使用性能有较高的要求。

风力发电机组齿轮箱的工作环境和运行方式对齿轮箱润滑系统提出了较高的要求。只有这样才能使风力发电机组在恶劣多变的复杂工况下长期保持最佳运行状态。

1. 风力发电机组齿轮箱润滑系统润滑油的主要作用

① 减少部件磨损，可靠延长齿轮及轴承寿命。
② 降低摩擦，保证传动系统的机械效率。
③ 降低振动和噪声。
④ 减少冲击载荷对机组的影响。
⑤ 作为冷却散热媒体。
⑥ 提高部件抗腐蚀能力。
⑦ 带走污染物及磨损产生的铁屑。
⑧ 油品使用寿命较长，价格合理。

2. 润滑油油品的选择

正确选用润滑油是保证风力发电机组可靠运行的重要条件之一。在风力发电机组的维护手册中，设备厂家提供了机组所用润滑油型号、用量及更换周期等内容，维护人员一般只需要按要求使用润滑油品即可。但是，为更好地保证机组的安全、经济运行，不断提高运行管理的科学性、合理性，就要求运行人员对油品的基本性能指标和选用原则有所了解，以期选择出最适合现场实际的油品来。

(1) 润滑油的分类

润滑油是由基础油加入各种添加剂调和而成的。由原油提炼出来的基础油称为矿物油，用它调出的油就是矿物润滑油，可满足大多数工作场合的需要。但矿物型润滑油存在高温时成分易分解、低温时易凝结的不足。

合成润滑油是用化学合成法制造的基础油，并根据所需特性在其中加入必要的添加剂以改善使用性能的产品。合成润滑油的价格较高，一般是矿物型润滑油的2~3倍。合成润滑油的主要优点表现为：在低温状况下，合成润滑油具有较好的流动性；在温度升高时，可以较好地抑制黏度降低；高温时化学稳定性较好，可减少油泥凝结物和残碳的产生。可见，合成润滑油比矿物型润滑油更适应苛刻的工况条件。

(2) 主要性能指标

① 润滑油的黏度要求。黏度是选择润滑油时的一个主要性能指标，工业齿轮油选择合

适的黏度很重要。通常是根据具体的设备工作环境和运行条件来决定润滑油的黏度。黏度高的润滑油能承受大的载荷，不易从齿面间被挤出，可形成良好的油膜。但黏度过高，润滑油本身的黏性会产生流动阻力，在齿面的啮合部位供给必要的油量就比较困难。相反，如黏度过低，就不能保证设备按照流体动力润滑规则运行，油膜将会分解，承载能力降低，易引起齿面擦伤或磨损。

设备制造商所选用的润滑油黏度应是已充分考虑了风力发电机组的运行环境条件及技术状况。对于现场运行条件已确定的风力发电机组，在选择黏度上不宜做较大幅度的变更，最好保持与设备初装油品的一致。

② 润滑油的低温性能要求。润滑油的黏度会随着温度的降低而增大，从而发黏变稠，影响泵送性能。所以在寒冷地区风力发电机组所选用的润滑油应当充分考虑低温性能的指标。

风力发电机组的启动特点是高转矩、低转速，对于飞溅式润滑的齿轮箱，由于润滑油黏度增大而产生的启动阻力基本可忽略，但是采用强迫式润滑的齿轮箱，由于存在低温泵送问题，就需要考虑润滑油的低温性能。润滑油在正常温度范围内能够满足泵送要求，但当温度低于某一数值后就会出现边界泵送状态，这个温度就叫边界泵送温度。低于这一温度，润滑油就不能正常泵送。油泵工作时，由于润滑油的黏度较高、流动性降低，油液因为不能及时流入油泵吸油口，导致空气进入泵体内部，产生气阻。此外，润滑油在整个润滑管路中的流动阻力增大，致使油泵过负荷工作，噪声增大，工作压力异常，使齿轮箱不能得到正常润滑，零件表面润滑条件不能满足正常要求，甚至出现干摩擦状态，大大加速了零件的磨损。严重时还会导致油泵电机过载停机或管路密封损坏造成润滑油的渗漏。因此，在寒冷地区运行的风力发电机组在选择润滑油时应充分考虑油的低温性能，以保证齿轮箱在低温、重载的恶劣工况下也能得到正常的润滑。统计资料显示，零件的磨损量有 2/3 是在设备启动阶段造成的。

油品的边界泵送温度一般比其倾点高 3~7℃。为保证低温条件下设备的正常润滑，在选择润滑油时，油的泵送温度要低于环境最低温度。例如，环境最低温度为 −20℃，那么，选用油品的倾点至少应低于 −25℃，才能基本保证油温总是处在边界泵送温度以上（环境最低温度是指连续数日的平均温度，而不是极端最低温度）。

此外，还应当了解润滑油中添加剂的使用情况。添加剂的用途主要是：减少磨损、降低摩擦、降低氧化、抗泡沫以及防锈和抗腐蚀。合理的添加剂配方，将进一步改善润滑油的性能指标，提高设备润滑的可靠性。

3. 润滑油的加热与冷却

（1）润滑油的加热

在高寒地区运行的风力发电机组可能会长期工作在 −30℃ 以下，这样低的温度将会使润滑油的黏度增大，使润滑泵效率降低，管道阻力增大，导致齿轮箱内各润滑点的润滑状态恶化，可能使齿轮箱寿命缩短甚至破坏。

为了保障在高寒地区运行的风力发电机组正常运行，风力发电机组在齿轮箱润滑系统中专门设置了电加热器，机组启动前，检测系统根据检测到的润滑油温度决定机组是否可以启动。当油温低于设定值时，首先启动润滑油加热系统，待油温达到设定值后才允许机组启动。

（2）润滑油的冷却

在热带或沙漠地区运行的风力发电机组可能会长期工作在50℃以上，这样高的温度将会使润滑油的黏度变稀，使油膜变薄，承载能力降低，导致齿轮箱内各润滑点的润滑状态恶化，可能使齿轮箱寿命缩短甚至破坏。

为了保障在热带或沙漠地区运行的风力发电机组正常运行，机组在齿轮箱润滑系统中专门设置了强制风冷却器或制冷型冷却器。在机组启动前，当检测系统检测到环境温度高于规定的环境温度时，或在运行中检测系统检测到润滑油的温度达到润滑油的允许上限温度时，启动齿轮箱的冷却系统，以保证齿轮箱可靠润滑。

（七）齿轮箱运行保护装置

风力发电机组齿轮箱在传动系统中的作用是等功率地将风轮获得的低转速的机械能转变成高转速的机械能。传动系统中的齿轮箱是载荷和转速匹配的中心部件，因此齿轮箱的运行状态和技术参数直接影响到整个机组运行的技术状态。考虑到风力发电机组齿轮箱的工作特点，齿轮箱一般都配备有相应的运行保护装置，这些装置可以实时地监控齿轮箱中的轴承温度、润滑油温度、润滑系统的油压、润滑油位、润滑油的加热和散热装置的工作状态，机组控制系统可以根据这些装置检测到的润滑油温度，自动地启动及切除散热装置和加热装置，以使齿轮箱可靠地工作于最佳状态。

齿轮箱运行保护装置主要以各种传感器构成，其中以润滑油温度传感器、油位传感器、油压传感器、油流量传感器、压力表、加热器温度传感器、冷却器温度传感器等设备为主。这些传感器的配备可以方便地实现对机组齿轮箱工作状态的本地及远程监控。一旦发生故障，机组控制系统将立即发出报警信号，使操作者能够迅速地判定故障并加以排除。

齿轮箱的润滑油温度信号、油位信号、油流量信号都是控制系统的输入信号，控制计算机根据不同的信号触发不同的控制程序，控制程序驱动相关的执行元件执行相关的操作，确保了齿轮箱工作于良好状态下。

温度传感器将箱体内的润滑油温度以模拟电压信号的形式发送到机组控制计算机中，控制计算机首先将润滑油温信号和环境温度信号进行处理形成数字控制信号，根据控制信号的不同，计算机将触发不同的控制逻辑，控制逻辑输出相应的控制信号驱动继电器或发出报警信号，继电器的状态决定相应接触器的断开和闭合，接触器的状态直接控制相应执行元件的动作，如散热风扇的启动和停止，加热电热器的接通和断开、自动停机等。

油位传感器根据润滑油位的高低发出一个开关信号，开关信号输入到控制计算机后触发相应的逻辑模块，判断逻辑根据信号的状态发出报警信号，控制机组自动停机或正常运行。

油流量传感器发出的也是一个开关信号，开关信号输入到控制计算机后触发相应的逻辑模块，判断逻辑根据信号的状态发出报警信号，控制机组自动停机或正常运行。

四、齿轮箱的使用及其维护

在风力发电机组中，齿轮箱是重要的部件之一。同样，风力发电机组齿轮箱的运行维护是风力发电机组维护的重点之一。只有正确使用和认真维护，才能使机组齿轮箱的寿命延长。

1. 安装

齿轮箱主动轴与叶片轮毂的连接必须可靠紧固。输出轴若直接与电机连接时，应采用合适的联轴器。齿轮箱轴线和与之相连接部件的轴线应保证同心，其误差不得大于所选用联轴器和齿轮箱的允许值，齿轮箱体上也不允许承受附加的扭转力。齿轮箱安装后用人工盘动应灵活，无卡滞现象。打开观察窗盖检查箱体内部机件，应无锈蚀现象。用涂色法检验，齿面接触斑点应达到技术条件的要求。

2. 空载运转

按照说明书的要求加注规定的齿轮箱润滑油达到油标刻度线，在正式使用之前，可以利用发电机作为电动机带动齿轮箱空载运转。此时，经检查齿轮箱运转平稳，无冲击振动和异常噪声，润滑情况良好，且各处密封和结合面无泄漏，才能与机组一起投入试运转。加载试验应分阶段进行，分别以额定载荷的 25％、50％、75％、100％加载，每一阶段运转以平衡油温为主，一般不得小于 2h，最高油温不得超过 80℃，其不同轴承间的温差不得高于 15℃。

3. 正常运行维护

正常运行维护项目包括设备、外观检查、噪声测试、油位检查、油温、电气接线检查等。在机组正常启动时，先启动润滑油泵，待各个润滑点都得到润滑后，间隔一段时间方可启动齿轮箱。

当环境温度较低时，例如小于 10℃，须先接通电热器加热机油，达到预定温度后才投入运行。若油温高于设定温度，如 65℃时，机组控制系统将使润滑油进入系统的冷却管路，经冷却器冷却降温后再进入齿轮箱。

在风力机运行期间，特别是持续大风天气时，在中控室应注意观察油温、轴承温度；登机巡视风力发电机组时，应注意检查润滑管路有无渗漏现象，连接处有无松动，清洁齿轮箱；离开机舱前，应开机检查齿轮箱及液压泵运行状况，看看运转是否平稳，有无振动或异常噪声；利用油标尺或油位窗检查油位是否正常，借助玻璃油窗观察油色是否正常，发现油位偏低，应及时补充并查找具体渗漏点，及时处理。

平时要做好详细的齿轮箱运行情况记录，最后要将记录存入该风力发电机组档案，便于以后进行数据的对比分析。

对于润滑管路中安装的用以监控润滑油正常供应的压力传感器和油位传感器，应能够了解其工作原理和安装位置，并能够在机组正常运行时关注到其工作状态。如发生故障，控制系统将立即发出报警信号，操作者应能迅速判定故障来源是传感器发生故障还是润滑油供应出现问题。

在运行期间，要定期检查齿轮箱运行状况，看看运转是否平稳，有无振动或异常噪声，各处连接的管路有无渗漏，接头有无松动，油温是否正常。

4. 定期更换润滑油

在齿轮箱运行期间，要定期检查运行状况，并应定期更换润滑油，第一次换油应在首次投入运行 500h 后进行，以后的换油周期为 5000～10000h。在运行过程中也要注意箱体内油质的变化情况，定期进行取样化验。若油质发生变化，氧化生成物过多并超过一定比例时，就应及时更换。

齿轮箱应每半年检修一次，备件应按照正规图样制造。更换新备件后的齿轮箱，其齿轮啮合情况应符合技术条件的规定，并经过试运转与负荷试验后再正式使用。

5. 齿轮箱常见故障及预防措施

齿轮箱的常见故障有齿轮损伤、轴承损坏、断轴和渗漏油、油温高等。

（1）齿轮损伤

齿轮损伤的影响因素很多，包括选材、设计计算、加工、热处理、安装调试、润滑和使用维护等。常见的齿轮损伤有齿面损伤和轮齿折断两类。

（2）轮齿折断（断齿）

断齿常由细微裂纹逐步扩展而成。根据裂纹扩展的情况和断齿原因，断齿可分为过载折断（包括冲击折断）、疲劳折断以及随机断裂等。

过载折断总是由于作用在轮齿上的应力超过其极限应力，导致裂纹迅速扩展，常见的原因有突然冲击超载、轴承损坏、轴弯曲或较大硬物挤入啮合区等。断齿断口有呈放射状花样的裂纹扩展区，有时断口处有平整的塑性变形，断口副常可拼合。仔细检查可看到材质的缺陷，齿面精度太差，轮齿根部未做精细处理等。在齿轮箱的设计和制造中应采取必要的措施，充分考虑预防过载因素。安装时防止箱体变形，防止硬质异物进入箱体内等。

疲劳折断发生的根本原因是轮齿在过高的交变应力重复作用下，从危险截面（如齿根）的疲劳源起始的疲劳裂纹不断扩展，使轮齿剩余截面上的应力超过其极限应力，造成瞬时折断。在疲劳折断的发源处，是贝状纹扩展的出发点并向外辐射。产生的原因是设计载荷估计不足，材料选用不当，齿轮精度过低，有热处理裂纹和磨削烧伤，齿根应力集中等。故在设计时要充分考虑传动的动载荷谱，优选齿轮参数，正确选用材料和齿轮精度，充分保证加工精度，消除应力集中因素等。随机断裂的原因通常是材料缺陷、点蚀、剥落或其他应力集中造成的局部应力过大，或较大的硬质异物落入啮合区引起。

（3）齿面疲劳

齿面疲劳是在过大的接触剪应力和应力循环次数作用下，轮齿表面或其表层下面产生疲劳裂纹并进一步扩展而造成的齿面损伤，其表现形式有早期点蚀、破坏性点蚀、齿面剥落和表面压碎等。特别是破坏性点蚀，常在齿轮啮合线部位出现，并且不断扩展，使齿面严重损伤，磨损加大，最终导致断齿失效。正确进行齿轮强度设计，选择好材质，保证热处理质量，选择合适的精度配合，提高安装精度，改善润滑条件等，是解决齿面疲劳的根本措施。

（4）胶合

胶合是相啮合齿面在啮合处的边界膜受到破坏，导致接触齿面金属融焊而撕落齿面上的金属的现象，很可能是由于润滑条件不好或由干涉引起，适当改善润滑条件和及时排除干涉起因，调整传动件的参数，清除局部载荷集中，可减轻或消除胶合现象。

（5）轴承损坏

轴承是齿轮箱中最为重要的零件，其失效常常会引起齿轮箱灾难性的破坏。轴承在运转过程中，套圈与滚动体表面之间经受交变载荷的反复作用，由于安装、润滑、维护等方面的原因，而产生点蚀、裂纹、表面剥落等缺陷，使轴承失效，从而使齿轮副和箱体产生损坏。据统计，在影响轴承失效的众多因素中，属于安装方面的原因占16%，属于污染方面的原因也占16%，而属于润滑和疲劳方面的原因各占34%。使用中，70%以上的轴承达不到预定寿命。因而，重视轴承的设计选型，充分保证润滑条件，按照规范进行安装调试，加强对轴承运转的监控是非常必要的。通常在齿轮箱上设置了轴承温控报警点，对轴承异常高温现象进行监控，同一箱体上不同轴承之间的温差一般也不超过15℃。要随时随地检查润滑油的变化，发现异常立即停机处理。

（6）断轴

断轴也是齿轮箱常见的重大故障之一。究其原因是轴在制造中没有消除应力集中因素，在过载或交变应力的作用下，超出了材料的疲劳极限所致。因而对轴上易产生的应力集中因素要给予高度重视，特别是在不同轴径过渡区要有圆滑的圆弧过渡，此处的粗糙度要求较低，也不允许有切削刀具刃尖的痕迹。设计时，轴的强度应足够，轴上的键槽、花键等结构也不能过分降低轴的强度。保证相关零件的刚度，防止轴的变形，也是提高可靠性的相关措施。

（7）油温高

齿轮箱油温最高不应超过80℃，不同轴承间的温差不得超过15℃。一般的齿轮箱都设置有冷却器和加热器，当油温低于10℃时，加热器会自动对油池进行加热；当油温高于65℃时，油路会自动进入冷却器管路，经冷却降温后再进入润滑油路。如齿轮箱出现异常高温现象，则要仔细观察，判断发生故障的原因。首先要检查润滑油供应是否充分，特别是在各主要润滑点处，必须要有足够的油液润滑和冷却。其次要检查各传动零部件有无卡滞现象，还要检查机组的振动情况、前后连接接头是否松动等。

第四章 机组液压传动系统

在风力发电机中,有些机构的运行需要用电信号控制,以达到自动控制或远程控制。液压系统(传动)在风力机的自动化运行与远程控制中显得极为重要。本章将介绍液压传动的工作原理,系统的构成,以及定桨距风力发电机组、变桨距风力发电机组的液压传动系统的工作原理。

第一节 液压传动的工作原理

一、液压传动的基本工作原理

液压传动的基本工作原理是:液压系统利用有压力的油液作为传递动力的工作介质,将油液的压力能又转换成机械能。

液压千斤顶简化模型如图4-1所示。液压传动的基本特征如下。

1. 力比例关系

液压传动区别于其他传动方式的基本特征一:力(或力矩)的传递是靠液体压力来实现的,或者说,力(或力矩)的传递是按帕斯卡原理(即静压传递原理)进行的。因此,有人把液压传动称为"静压传动"。帕斯卡原理(即静压传递原理):"在密闭容器内,施加于静止液体上的压力将以等值同时传到液体各点"。

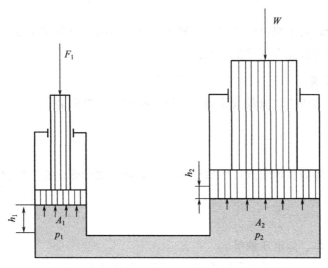

图 4-1 液压千斤顶简化模型

结论

在液压传动中工作压力取决于负载,而与流入的液体多少无关。注意:负载包括有效负载、无效负载(如摩擦力)以及液体的流动阻力。

2. 运动关系

液压传动区别于其他传动方式的基本特征二:运动速度(或转速)的传递是按照"容积变化相等"的原则进行的。基于此,有人把液压传动称为"容积式液体传动"。

在流体力学中,把单位时间内流过某一通流截面 A 的流体体积称为流量,则流量

$$q = VgA \qquad (4\text{-}1)$$

结论

① 活塞移动速度正比于流入液压缸中油液流量 q,与负载无关。也就是说,活塞的运动速度可以通过改变流量的方式进行调节。基于这一点,液压传动可以实现无级调速。

② 活塞的运动速度反比于活塞面积,可以通过对活塞面积的控制来控制速度。

3. 功率关系

由前述可得:

$$P = F_v = W_v = qp \qquad (4\text{-}2)$$

式(4-2)说明,在不计各种功率损失的条件下,液压传动系统的输出功率 W_v 等于输入功率 F_v,并且液压传动中的功率可以用压力 p 和流量 q 的乘积来表示。

总结上述:在液压传动中压力 p 和流量 q 是最基本、最重要的两个参数。

二、液压传动系统的组成

能正常运转的液压传动系统,应该由以下 5 个主要部分来组成。

1. 能源装置

它是供给液压系统压力油,把机械能转换成液压能的装置。最常见的形式是液压泵。

2. 执行装置

它是把液压能转换成机械能的装置。其形式有做直线运动的液压缸，有做回转运动的液压马达，它们又称为液压系统的执行元件。

3. 控制调节装置

它是对系统中的压力、流量或流动方向进行控制或调节的装置，如溢流阀、节流阀、换向阀、开停阀等。

4. 辅助装置

上述三部分之外的其他装置，例如油箱、滤油器、油管等，它们对保证系统正常工作是必不可少的。

5. 工作介质

传递能量的流体，即液压油等。

下面以如图 4-2 所示液压千斤顶组成图为例，介绍这 5 个组成部分。

① 能源装置：在本例中，手柄是能源输入装置。

② 执行装置：泵缸、排油单向阀、吸油单向阀构成液压泵。

③ 控制调节装置：手柄通过控制下压总量，可以控制重物最终提升的高度；截止阀用来控制液压缸中的液压油是否可以回到油箱，以降低液压缸的高度。

④ 辅助装置：油箱、油管都属于辅助装置。

⑤ 工作介质：液压油。

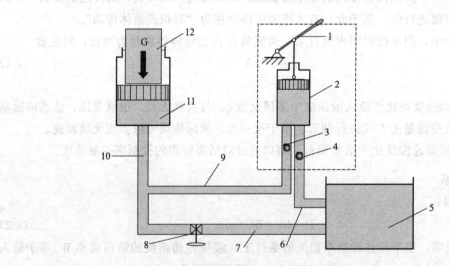

图 4-2 液压千斤顶组成图

1—手柄；2—泵缸；3—排油单向阀；4—吸油单向阀；5—油箱；
6,7,9,10—油管；8—截止阀；11—液压缸；12—重物

三、液压传动的优缺点

1. 液压传动的主要优点

与机械传动、电气传动相比，液压传动具有以下优点。

① 液压传动的各种元件，可根据需要方便、灵活地来布置。
② 重量轻、体积小、运动惯性小、反应速度快。
③ 操纵控制方便，可实现大范围的无级调速（调速范围达 2000∶1）。
④ 可自动实现过载保护。
⑤ 一般采用矿物油为工作介质，相对运动面可自行润滑，使用寿命长。
⑥ 很容易实现直线运动。
⑦ 容易实现机器的自动化。当采用电液联合控制后，不仅可实现更高程度的自动控制过程，而且可以实现遥控。

2. 液压传动的主要缺点

① 由于流体流动的阻力损失和泄漏较大，所以效率较低。如果处理不当，泄漏不仅污染场地，而且还可能引起火灾和爆炸事故。
② 工作性能易受温度变化的影响，因此不宜在很高或很低的温度条件下工作。
③ 液压元件的制造精度要求较高，因而价格较贵。
④ 由于液体介质的泄漏及可压缩性影响，不能得到严格的定比传动。
⑤ 液压传动出故障时不易找出原因；使用和维修要求有较高的技术水平。
⑥ 油液污染。

第二节 液压系统的基本组成

一、执行装置——液压泵

1. 液压泵的定义

液压泵是一种能量转换装置，它将机械能转换为液压能，是液压传动系统中的动力元件，为系统提供压力油液。

2. 液压泵的分类

它可按压力的大小，分为低压泵、中压泵和高压泵。也可按流量是否可调节，分为定量泵和变量泵。又可按泵的结构，分为齿轮泵、叶片泵和柱塞泵，其中齿轮泵和叶片泵多用于中、低压系统，柱塞泵多用于高压系统。

图 4-3 所示是液压泵的简单原理图。

3. 液压泵正常工作的基本条件

① 在结构上具有一个或多个密封且可以周期性变化的工作容积。当工作容积增大时，完成吸油过程；当工作容积减小时，完成排油过程。液压泵的输出流量与此空间的容积变化量和单位时间内的变化次数成正比，与其他因素无关。
② 具有相应的配油机构，将吸油过程与排油过程分开。
③ 油箱内液体的绝对压力必须恒等于或大于大气压力。

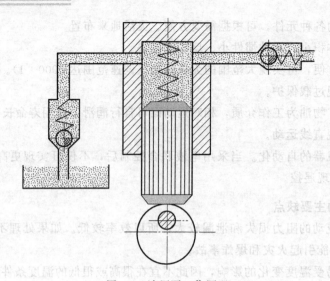

图 4-3 液压泵工作原理

二、执行装置

1. 液压执行装置的定义

将液体的液压能转换为机械能的转换装置。

2. 液压执行装置的分类

液压执行装置可分为液压马达和液压缸两大类。

(1) 液压马达

可以实现连续的回转运动。

高速液压马达：额定转速高于 500r/min 的属于高速液压马达。

低速液压马达：额定转速低于 500r/min 的则属于低速液压马达。

高速液压马达的基本形式有齿轮式、螺杆式、叶片式和轴向柱塞式等。它们的主要特点是：转速较高，转动惯量小，便于启动和制动，调节（调速和换向）灵敏度高。通常高速液压马达的输出扭矩不大，仅几十到几百牛·米，所以又称为高速小扭矩液压马达。

低速液压马达的基本形式是径向柱塞式，例如多作用内曲线式、单作用曲轴连杆式和静压平衡式等。低速液压马达的主要特点是：排量大，体积大，转速低，有的可低到每分钟几转甚至不到一转。通常低速液压马达的输出扭矩较大，可达几千到几万牛·米，所以又称为低速大扭矩液压马达。

(2) 液压缸

直线运动的液压缸：可以实现直线往复运动，输出推力（或拉力）和直线运动速度。

(3) 摆动液压缸

实现往复摆动，输出角速度。

三、控制调节装置

控制调节装置是对系统中的压力、流量或流动方向进行控制或调节的装置。

1. 阀的分类

按功用分：方向控制阀、压力控制阀、流量控制阀。

按控制方式分：开关（定值）阀、比例阀、伺服阀、数字阀。

按结构形式分：滑阀、锥阀、球阀、转阀、喷嘴挡板阀、射流管阀，如图4-4所示。

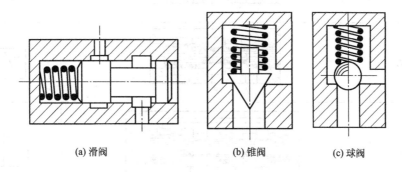

(a) 滑阀　　　　(b) 锥阀　　　　(c) 球阀

图 4-4　常见的阀

2. 风力机上常用的阀

（1）普通单向阀（逆止阀或止回阀）

只允许油液正向流动，不许反流，如图4-5所示。

P_1 向 P_2 可流动，P_2 向 P_1 不可流动。

图 4-5　普通单向阀

（2）换向阀

变换阀芯在阀体内的相对工作位置，使阀体各油口连通或断开，从而控制执行元件的换向或启停。

换向阀按结构形式分为座阀式换向阀、滑阀式换向阀、转阀式换向阀。

滑阀式换向阀的结构：阀体——有多级沉割槽的圆柱孔，阀芯——有多段环形槽的圆柱体。

滑阀式换向阀的分类：按工作位置数分类——二位、三位、四位等；按通路数分类——二通、三通、四通、五通等，如表4-1所示。

（3）溢流阀

① 定压溢流作用。在定量泵节流调节系统中，定量泵提供的是恒定流量，当系统压力增大时，会使流量需求减小，此时溢流阀开启，使多余流量溢回油箱，保证溢流阀进口压力，即泵出口压力恒定（阀口常随压力波动开启）。

② 安全保护作用。系统正常工作时，阀门关闭，只有负载超过规定的极限（系统压力超过调定压力）时开启溢流阀，进行过载保护，使系统压力不再增加（通常使溢流阀的调定压力比系统最高工作压力高10%～20%）。

表 4-1　常见的滑阀式换向阀

名称	结构原理图	符号
二位二通阀		
二位三通阀		
二位四通阀		
三位四通阀		

（4）节流阀

节流阀由阀体、阀芯、弹簧、调节手轮等组成。工作原理：调节手轮，阀芯移动，A（面积）变化，q（流量）变化。如图 4-6 所示。

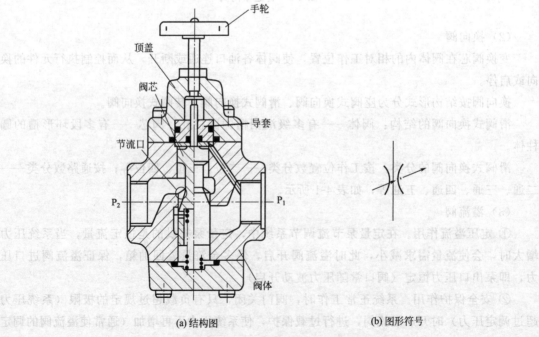

(a) 结构图　　　　　　　　　　(b) 图形符号

图 4-6　可调式节流阀

第三节 定桨距风力发电机组的液压系统

定桨距风力发电机组的液压系统实际上是制动系统的执行机构，主要用来执行风力发电机组的开关机指令。通常它由两个压力保持回路组成，一路通过蓄能器供给叶尖扰流器，另一路通过蓄能器供给机械刹车机构。这两个回路的工作任务是使机组运行时制动机构始终保持压力。当需要停机时，两回路中的常开电磁阀先后失电，叶尖扰流器一路压力油被泄回油箱，叶尖动作；稍后，机械刹车一路压力油进入刹车油缸，驱动刹车夹钳，使叶轮停止转动。在两个回路中各装有两个压力传感器，以指示系统压力，控制液压泵站补油和确定刹车机构的状态。

图 4-7 所示为 FD43-600kW 风力发电机组的液压系统。由于偏航机构也引入了液压回路，它由三个压力保持回路组成。

图左侧是气动刹车压力保持回路，压力油经油泵、精滤油器进入系统。溢流阀用来限制系统最高压力。开机时电磁阀 12-1 接通，压力油经单向阀 7-2 进入蓄能器 8-2，并通

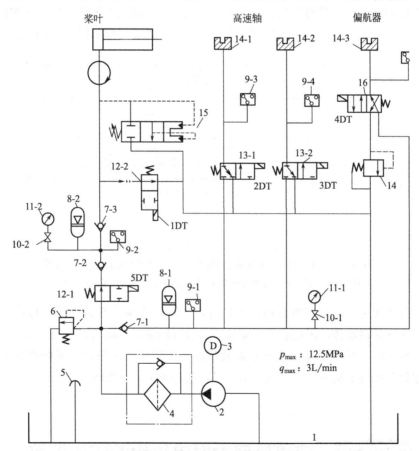

图 4-7 定桨距风力发电机组的液压系统

1—油箱；2—液压泵；3—电动机；4—精滤油器；5—油位指示器；6—溢流阀；
7—单向阀；8—蓄能器；9—压力开关；10—节流阀；11—压力表；
12,13,16—电磁阀；14—刹车夹钳；15—突开阀

过单向阀 7-3 和旋转接头进入气动刹车油缸。压力开关 9-2 由蓄能器的压力控制,当蓄能器压力达到设定值时,开关动作,电磁阀 12-1 关闭。运行时,回路压力主要由蓄能器保持,通过液压油缸上的钢索拉住叶尖扰流器,使之与叶片主体紧密结合。

电磁阀 12-2 为停机阀,用来释放气动刹车油缸的液压油,使叶尖扰流器在离心力作用下滑出。突开阀用于超速保护,当叶轮飞车时,离心力增大,通过活塞的作用,使回路内压力升高。当压力达到一定值时,突开阀开启,压力油泄回油箱。突开阀不受控制系统的指令控制,是独立的安全保护装置。

图中间是两个独立的高速轴制动器回路,通过电磁阀 13-1、13-2 分别控制制动器中压力油的进出,从而控制制动器动作。工作压力由蓄能器 8-1 保持。压力开关 9-1 根据蓄能器的压力控制液压泵电动机的停/启。压力开关 9-3、9-4 用来指示制动器的工作状态。

右侧为偏航系统回路。偏航系统有两个工作压力,分别提供偏航时的阻尼和偏航结束时的制动力。工作压力仍由蓄能器 8-1 保持。由于机舱有很大的惯性,调向过程必须确保系统的稳定性,此时偏航制动器用作阻尼器。工作时,4DT 得电,电磁阀左侧接通,回路压力由溢流阀保持,以提供调向系统足够的阻尼;调向结束时,4DT 失电,电磁阀右侧接通,制动压力由蓄能器直接提供。

由于系统的内泄漏、油温的变化以及电磁阀的动作,液压系统的工作压力实际上始终处于变化的状态之中。其气动刹车与机械刹车回路的工作压力分别如图 4-8(a)、(b) 所示。

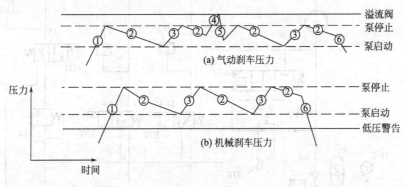

图 4-8　气动刹车与机械刹车压力图
①开机时液压泵启动;②内泄漏引起的压力降;③液压泵重新启动;④温度引起的压力升高;⑤电磁阀动作引起的压力降;⑥停机时电磁阀打开

图中虚线之间为设定的工作范围。当压力由于温升或压力开关失灵超出该范围一定值时,会导致突开阀误动作,因此必须对系统压力进行限制,系统最高压力由溢流阀调节。而当压力同样由于压力开关失灵或液压泵站故障低于工作压力下限时,系统设置了低压警告线,以免在紧急状态下机械刹车中的压力不足以制动风力发电机组。

第四节　变桨距风力发电机组的液压系统

变桨距系统中采用了比例控制技术。为了便于理解,这里先对比例控制技术做简要介绍。

一、比例控制技术

比例控制技术是在开关控制技术和伺服控制技术间的过渡技术,它具有控制原理简单、控制精度高、抗污染能力强、价格适中等特点,受到人们的普遍重视,使该技术得到飞速发展。它是在普通液压阀基础上,用比例电磁铁取代阀的调节机构及普通电磁铁构成的。采用比例放大器控制比例电磁铁,就可实现对比例阀进行远距离连续控制,从而实现对液压系统压力、流量、方向的无级调节。

比例控制技术的基本工作原理是根据输入电信号电压值的大小,通过放大器,将该输入电压信号(一般在 0~±9V 之间)转换成相应的电流信号,如图4-9所示。这个电流信号作为输入量被送入比例电磁铁,从而产生和输入信号成比例的输出量——力或位移。该力或位移又作为输入量加给比例阀,后者产生一个与前者成比例的流量或压力。通过这样的转换,一个输入电压信号的变化,不但能控制执行元件和机械设备上工作部件的运动方向,而且可对其作用力和运动速度进行无级调节。此外,还能对相应的时间过程,例如在一段时间内流量的变化、加速度的变化或减速度的变化等进行连续调节。

当需要更高的阀性能时,可在阀或电磁铁上接装一个位置传感器,以提供一个与阀芯位置成比例的电信号。此位置信号向阀的控制器提供一个反馈,使阀芯可以由一个闭环配置来定位。如图4-9所示,一个输入信号经放大器放大后的输出信号再去驱动电磁铁。电磁铁推动阀芯,直到来自位置传感器的反馈信号与输入信号相等时为止。因而此技术能使阀芯在阀体中准确地定位,而由摩擦力、液动力或液压力所引起的任何干扰都被自动地纠正。

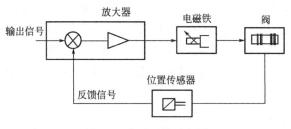

图 4-9 位置反馈示意图

(一)位置传感器

位置传感器通常指用于阀芯位置反馈的传感器,如图4-10所示的非接触式 LVDT(线性可变差动变压器)。LVDT 由绕在与电磁铁推杆相连的软铁铁芯上的一个一次绕组和两个二次绕组组成。

一次绕组由一高频交流电源供电,它在铁芯中产生变化磁场,该磁场通过变压器作用在两个二次绕组中感应出电压。如果两个二次绕组对置连接,则当铁芯居中时,每个绕组中产生的感应电压将抵消而产生的净输出为零。随着铁芯离开中心移动,一个二次绕组中的感应电压提高而另一个中的降低,于是产生一个净输出电压,其大小与运动量成比例,而相位移指示运动方向。该输出可供给一个相敏整流器(解调器),该整流器将产生一个与运动成比例且极性取决于运动方向的直流信号。

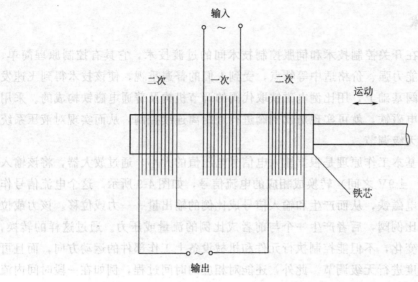

图 4-10 阀芯位置传感器

(二) 控制放大器

控制放大器的原理如图 4-11 所示。输入信号可以是可变电流或电压。根据输入信号的极性，阀芯两端的电磁铁将有一个通电，使阀芯向某一侧移动。放大器为两个运动方向设置了单独的增益调整，可用于微调阀的特性或设定最大流量。还设置了一个斜坡发生器，进行适当的接线可启动或禁止该发生器，并且设置了斜坡时间调整。还针对每个输出级设置了死区补偿调整，这使得可用电子方法消除阀芯遮盖的影响。使用位置传感器的比例阀意味着阀芯是位置控制的，即阀芯在阀体中的位置仅取决于输入信号，而与流量、压力或摩擦力无关。位置传感器提供一个 LVDT 反馈信号。此反馈信号与输入信号相加所得到的误差信号驱动放大器的输出级。在放大器面板上设有输入信号和 LVDT 反馈信号的监测点。

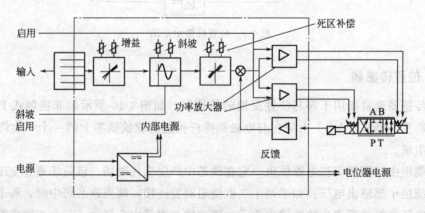

图 4-11 控制器放大原理图

当比例控制没有反馈信号时，可实现控制精度较好的闭环控制，其系统框图如图 4-12 所示。

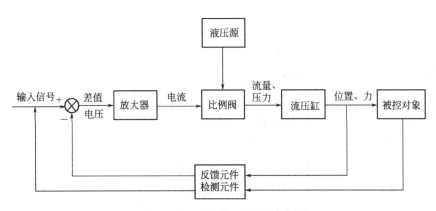

图 4-12 闭环控制比例系统方框图

二、液压系统图

变桨距风力发电机组的液压系统与定桨距风力发电机组的液压系统很相似，也由两个压力保持回路组成。一路由蓄能器通过电液比例阀供给叶片变桨距油缸，另一路由蓄能器供给高速轴上的机械刹车机构。

图 4-13 所示为 VESTAS V39 型风力发电机组液压站实物图。图 4-14 所示为其液压系统。

图 4-13 风力发电机组液压站实物

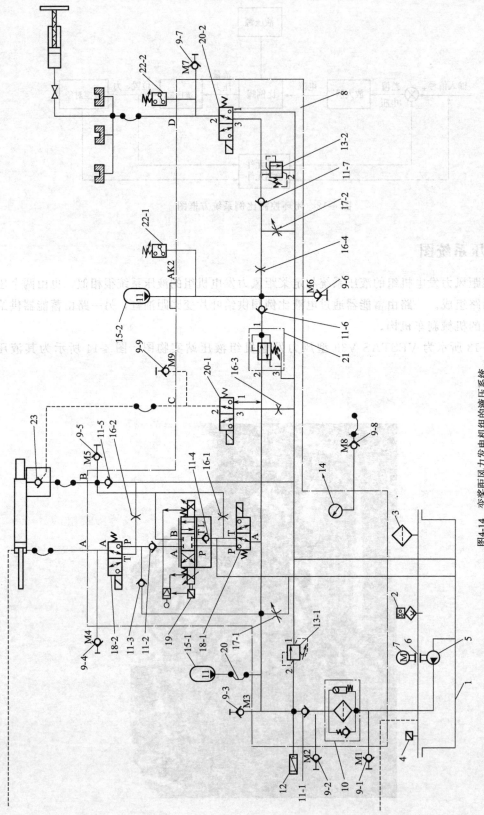

图4-14 变桨距风力发电机组的液压系统

1—油箱；2—油位开关；3—空气滤清器；4—温度传感器；5—液压泵；6—联轴器；7—电动机；8—主模块；9—压力测试口；10—滤油器；11—单向阀；12—压力传感器；13—溢流阀；14—压力表；15—蓄能器；16—节流阀；17—可调节流阀；18, 20—电磁阀；19—比例阀；21—减压阀；22—压力开关；23—先导止回阀

三、液压泵站

液压泵站的动力源是液压泵 5，为变桨距回路和制动器回路所共有。液压泵安装在油箱油面以下并通过联轴器 6，由油箱上部的电动机驱动。泵的流量变化根据负载而定。

液压泵由压力传感器 12 的信号控制。当泵停止时，系统由蓄能器 15 保持压力。系统的工作压力设定范围为 130~145bar❶。当压力降至 130bar 以下时，泵启动；在 145bar 时，泵停止。在运行、暂停和停止状态，泵根据压力传感器的信号自动工作，在紧急停机状态，泵将被迅速断路而关闭。

压力油从泵通过高压滤油器 10 和单向阀 11-1 传送到蓄能器 15。滤油器上装有旁通阀和污染指示器，它在旁通阀打开前起作用。阀 11-1 在泵停止时阻止回流。紧跟在滤油器外面，先后有两个压力表连接器（M1 和 M2），它们用于测量泵的压力或滤油器两端的压力降。测量时将各测量点的连接器通过软管与连接器 M8 上的压力表 14 接通。

溢流阀 13-1 是防止泵在系统压力超过 145bar 时继续泵油进入系统的安全阀。在蓄能器 15 因外部加热情况下，溢流阀 13-1 会限制气压及油压升高。

节流阀 17-1 用于抑制蓄能器预压力并在系统维修时，释放来自蓄能器 15-1 的压力油。

油箱上装有油位开关 2，以防油溢出或泵在无油情况下运转。

油箱内的油温由装在油池内的 PT100 传感器测得，出线盒装在油箱上部。油温过高时会导致报警，以免在高温下泵的磨损，延长密封的使用寿命。

四、变桨距控制

变桨距控制系统的节距控制是通过比例阀来实现的。在图 4-15 中，控制器根据功率或转速信号给出一个 −10~10V 的控制电压，通过比例阀控制器转换成一定范围的电流信号，控制比例阀输出流量的方向和大小。点画线内是带控制放大器的比例阀，设有内部 LVDT 反馈。变桨距油缸按比例阀输出的方向和流量操纵叶片节距在 −5°~80° 之间运动。为了提高整个变桨距系统的动态性能，在变桨距油缸上也设有 LVDT 位置传感器，如图 4-15 所示。

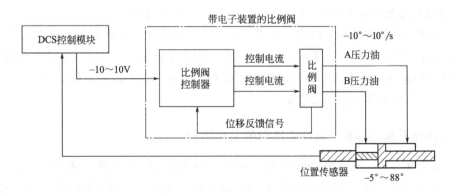

图 4-15　节距控制示意图

在比例阀至油箱的回路上装有 1bar 单向阀 11-4。该单向阀确保比例阀 T 口上总是保持

---

❶　1bar=10^5Pa，全书同。

1bar压力，避免比例阀阻尼室内的阻尼"消失"导致该阀不稳定而产生振动。

比例阀上的红色LED（发光二极管）指示LVDT故障，LVDT输出信号是比例阀上滑阀位置的测量值，控制电压和LVDT信号相互间的关系。

变桨距速度由控制器计算给出，以0°为参考中心点。控制电压和变桨距速率的关系如图4-16所示。

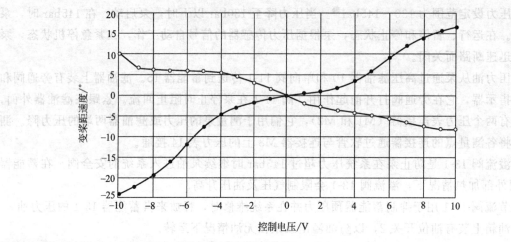

图4-16 变桨距速率-位置反馈信号与控制电压的关系

（一）液压系统在运转/暂停时的工作情况

电磁阀18-1和18-2（紧急顺桨阀）通电后，使比例阀上的P口得到来自泵和蓄能器15-1的压力。节距油缸的左端（前端）与比例阀的A口相连。

电磁阀20-1通电后，使先导管路（虚线）增加压力。先导止回阀23装在变桨距油缸后端，靠先导压力打开以允许活塞双向自由流动。

把比例阀19通电到"直接"（P-A，B-T）时，压力油即通过单向阀11-2和电磁阀18-2传送P-A至缸筒的前端。活塞向右移动，相应的叶片节距向－5°方向调节，油从油缸右端（后端）通过先导止回阀23和比例阀（B口至T口）回流到油箱。

把比例阀通电到"跨接"（P-B，A-T）时，压力油通过止回阀传送P-B进入油缸后端，活塞向左移动，相应的叶片节距向88°方向调节，油从油缸左端（前端）通过电磁阀18-2和单向阀11-3回流到压力管路。由于右端活塞面积大于左端活塞面积，使活塞右端压力高于左端的压力，从而能使活塞向前移动。

（二）液压系统在停机/紧急停机时的工作情况

停机指令发出后，电磁阀18-1和18-2断电，油从蓄能器15-1通过阀18-1和节流阀16-1及阀23传送到油缸后端。缸筒的前端通过阀18-2和节流阀16-2排放到油箱，叶片变桨距到88°机械端点而不受来自比例阀的影响。

电磁阀20-1断电时，先导管路压力油排放到油箱，先导止回阀23不再保持在双向打开位置，但仍然保持止回阀的作用，只允许压力油流进缸筒，从而使来自风的变桨距力不能从油缸左端方向移动活塞，避免向－5°的方向调节叶片节距。

在停机状态,液压泵继续自动停/启运转。顺桨由部分来自蓄能器 15-1、部分直接来自泵 5 的压力油来完成。在紧急停机位时,泵很快断开,顺桨只由来自蓄能器 15-1 的压力油来完成。为了防止在紧急停机时,蓄能器内油量不够变桨距油缸一个行程,紧急顺桨将由来自风的变桨距力完成。油缸右端将由两部分液压油来填补:一部分来自油缸,左端通过电磁阀 18-2、节流阀 16-2、单向阀 11-5 和止回阀 23 的重复循环油;另一部分油来自油箱,通过吸油管路及单向阀 11-5 和止回阀 23。

紧急顺桨的速度由两个节流阀 16-1 和 16-2 控制并限制到约 9°/s。

五、制动机构

制动系统由泵系统通过减压阀 21 供给压力源。

蓄能器 15-2 用于确保能在蓄能器 15-1 或泵没有压力的情况下也能工作。

可调节流阀 17-2 用于抑制蓄能器 15-2 的预充压力或在维修制动系统时,用于调节释放的油。

压力开关 22-1 是常闭的,当蓄能器 15-2 上的压力降低于 15bar 时打开报警。

压力开关 22-2 用于检查制动压力上升,包括在制动器动作时。

溢流阀 13-2 防止制动系统在减压阀 21 误动作或在蓄能器 15-2 受外部加热时压力过高(23bar)。过高的压力即过高的制动转矩,会造成对传动系统的严重损坏。

液压系统在制动器一侧装有球阀,以便螺杆活塞泵在液压系统不能加压时,用于制动风力发电机组。打开球阀,旋上活塞泵,制动卡钳将被加压,单向阀 11-7 阻止回流油向蓄能器 15-2 方向流动。要防止在电磁阀 20-2 通电时加压,这时制动系统的压力油经电磁阀排回油箱,加不上来自螺杆活塞泵的压力。在任何一次使用螺杆泵以后,球阀必须关闭。

(一)运行/暂停/停机

开机指令发出后,电磁阀 20-2 通电,制动卡钳排油到油箱,刹车因此而被释放。

暂停期间保持运行时的状态。

停机指令发出后,电磁阀 20-2 失电,来自蓄能器 15-2 和减压阀 21 的压力油可通过电磁阀 20-2 的 3 口进入制动器油缸,实现停机时的制动。

(二)紧急停机

电磁阀 20-2 失电,蓄能器 15-2 将压力油通过电磁阀 20-2 进入制动卡钳油缸。制动油缸的速度由节流阀 16-4 控制。

第五章 机组偏航系统

偏航系统是水平轴式风力发电机组必不可少的组成系统之一。偏航系统的主要作用有两个：其一是与风力发电机组的控制系统相互配合，使风力发电机组的风轮始终处于迎风状态，充分利用风能，提高风力发电机组的发电效率；其二是提供必要的锁紧力矩，以保障风力发电机组的安全运行。

风力发电机组的偏航系统一般分为主动偏航系统和被动偏航系统。被动偏航指的是依靠风力通过相关机构完成机组风轮对风动作的偏航方式，常见的有尾舵、舵轮和下风向三种。主动偏航指的是采用电力或液压拖动来完成对风动作的偏航方式，常见的有齿轮驱动和滑动两种形式。对于并网型风力发电机组来说，通常都采用主动偏航的齿轮驱动形式。

第一节 偏航系统的技术要求

（1）环境条件

在进行偏航系统的设计时，必须考虑的环境条件如下：

① 温度；

② 湿度；

③ 阳光辐射；

④ 雨、冰雹、雪和冰；

⑤ 化学活性物质；

⑥ 机械活动微粒；

⑦ 盐雾；

⑧ 近海环境需要考虑附加特殊条件。

应根据典型值或可变条件的限制，确定设计用的气候条件。选择设计值时，应考虑几种气候条件同时出现的可能性。在与年轮周期相对应的正常限制范围内，气候条件的变化应不影响所设计的风力发电机组偏航系统的正常运行。

(2) 电缆保护

为保证机组悬垂部分电缆（风力发电机组输电部分的电缆）不至于产生过度的纽绞而使电缆断裂失效，必须使电缆有足够的悬垂量，所以在设计上一般采用冗余设计。电缆悬垂量的多少是根据电缆所允许的扭转角度确定的。

(3) 阻尼

为避免风力发电机组在偏航过程中产生过大的振动而造成整机的共振，偏航系统在机组偏航时必须具有合适的阻尼力矩。阻尼力矩的大小要根据机舱和风轮质量总和的惯性力矩来确定。其基本的确定原则为确保风力发电机组在偏航时动作平稳顺畅而不产生振动。只有在阻尼力矩的作用下，机组的风轮才能够定位准确，充分利用风能进行发电。

(4) 解缆和纽缆保护

解缆和纽缆保护是风力发电机组的偏航系统所必须具有的主要功能。偏航系统的偏航动作会导致机舱和塔架之间的连接电缆发生纽绞，所以在偏航系统中应设置与方向有关的计数装置或类似的程序，对电缆的纽绞程度进行检测。一般对于主动偏航系统来说，检测装置或类似的程序应在电缆达到规定的纽绞角度之前发解缆信号；对于被动偏航系统检测装置或类似的程序，应在电缆达到危险的纽绞角度之前禁止机舱继续同向旋转，并进行人工解缆。偏航系统的解缆一般分为初级解缆和终极解缆。初级解缆是在一定条件下进行的，一般与偏航圈数和风速相关。纽缆保护装置是风力发电机组偏航系统必须具有的装置，这个装置的控制逻辑应具有最高级别的权限，一旦这个装置被触发，则风力发电机组必须进行紧急停机。

(5) 偏航转速

对于并网型风力发电机组的运行状态来说，风轮轴和叶片轴在机组的正常运行时不可避免地产生陀螺力矩，这个力矩过大将对风力发电机组的寿命和安全造成影响。为减少这个力矩对风力发电机组的影响，偏航系统的偏航转速应根据风力发电机组功率的大小，通过偏航系统力学分析来确定。

(6) 偏航液压系统

并网型风力发电机组的偏航系统一般都设有液压装置，液压装置的作用是拖动偏航制动器松开或锁紧。一般液压管路应采用无缝钢管制成，柔性管路连接部分应采用合适的高压软管。管路连接组件应通过试验，保证偏航系统所要求的密封和承受工作中出现的动载荷。液压元器件的设计、选型和布置应符合液压装置的有关具体规定和要求。液压管路应能够保持清洁并具有良好的抗氧化性能。液压系统在额定的工作压力下不应出现渗漏现象。

(7) 偏航制动器

采用齿轮驱动的偏航系统时，为避免因振荡的风向变化而引起偏航轮齿产生交变载荷，应采用偏航制动器（或称偏航阻尼器）来吸收微小自由偏转振荡，防止偏航齿轮的交变应力引起轮齿过早损伤。对于由风向冲击叶片或风轮产生偏航力矩的装置，应经试验证实其有效。

(8) 偏航计数器

偏航系统中都设有偏航计数器。偏航计数器的作用是记录偏航系统所运转的圈数，当偏航系统的偏航圈数达到计数器的设定条件时，则触发自动解缆动作，机组进行自动解缆并复位。计数器的设定条件是根据机组悬垂部分电缆的允许扭转角度来确定的，其原则是要小于电缆所允许扭转的角度。

(9) 润滑

偏航系统必须设置润滑装置，以保证驱动齿轮和偏航齿圈的润滑。目前国内机组的偏航系统一般都采用润滑脂和润滑油相结合的润滑方式，定期更换润滑油和润滑脂。

(10) 密封

偏航系统必须采取密封措施，以保证系统内的清洁和相邻部件之间的运动不会产生有害的影响。

(11) 表面防腐处理

偏航系统各组成部件的表面处理必须适应风力发电机组的工作环境。风力发电机组比较典型的工作环境除风况以外，其他环境条件（气候），如热、光、腐蚀、机械、电和其他物理作用都应加以考虑。

第二节 偏航系统的组成

偏航系统一般由偏航轴承、偏航驱动装置、偏航制动器、偏航计数器、纽缆保护装置、偏航液压回路等部分组成。偏航系统的一般组成结构如图 5-1 和图 5-2 所示。

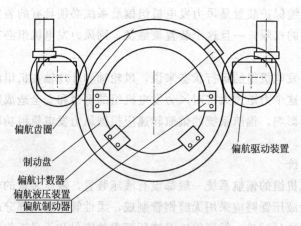

图 5-1 外齿启动的偏航系统

风力发电机组的偏航系统一般有外齿形式和内齿形式两种。偏航驱动装置可以采用电动机驱动或液压马达驱动。制动器可以是常闭式或常开式。常开式制动器一般是指有液压力或电磁力拖动时，制动器处于锁紧状态的制动器；常闭式制动器一般是指有液压力或电磁力拖动时，制动器处于松开状态的制动器。采用常开式制动器时，偏航系统必须具有偏航定位锁紧装置或防逆传动装置。

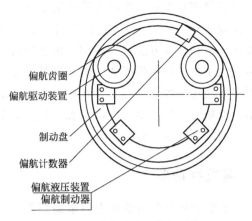

图 5-2　内齿启动的偏航系统

一、偏航轴承

偏航轴承的轴承内外圈分别与机组的机舱和塔体用螺栓连接。轮齿可采用内齿或外齿形式。外齿形式是轮齿位于偏航轴承的外圈上,加工相对来说比较简单。内齿形式是轮齿位于偏航轴承的内圈上,啮合受力效果较好,结构紧凑。具体采用内齿形式或外齿形式,制造商应根据机组的具体结构和总体布置进行选择。偏航齿圈的结构简图如图 5-3 所示。

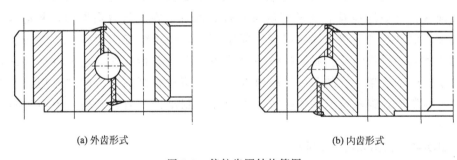

(a) 外齿形式　　　　　　　　　　(b) 内齿形式

图 5-3　偏航齿圈结构简图

(1) 偏航齿圈的轮齿强度计算方法和偏航轴承部分的计算方法

参阅渐开线圆柱齿轮承载能力计算方法和回转支撑计算方法相关资料。

(2) 偏航轴承的润滑

偏航轴承的润滑应使用制造商推荐的润滑剂和润滑油,轴承必须进行密封。轴承的强度分析应考虑两个主要方面:第一是在静态计算时,轴承的极端载荷应大于静态载荷的 1.1 倍;第二,轴承的寿命应按风力发电机组的实际运行载荷计算。此外,制造偏航齿圈的材料还应在 -30℃ 条件下进行 V 形切口冲击能量试验,要求三次试验平均值不小于 27J。

二、驱动装置

驱动装置一般由驱动电动机或驱动马达、减速器、传动齿轮、轮齿间隙调整机构等组成。驱动装置的减速器一般可采用行星减速器或蜗轮蜗杆与行星减速器串联。传动齿轮一般

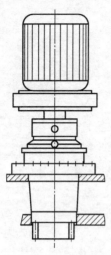

图 5-4 驱动装置结构简图

采用渐开线圆柱齿轮。传动齿轮的齿面和齿根应采取淬火处理，一般硬度值应达到 HRC 55～62。传动齿轮的强度分析和计算方法与偏航齿圈的分析和计算方法基本相同；轴静态计算应采用最大载荷，安全系数应大于材料屈服强度的一倍；轴的动态计算应采用等效载荷，并同时考虑使用系数 $K_a=1.3$ 的影响，安全系数应大于材料屈服强度的一倍。偏航驱动装置要求启动平稳，转速均匀无振动现象。驱动装置的结构简图如图 5-4 所示。

三、偏航制动器

偏航制动器是偏航系统中的重要部件，制动器应在额定负载下制动力矩稳定，其值应不小于设计值。在机组偏航过程中，制动器提供的阻尼力矩应保持平稳，与设计值的偏差应小于 5%，制动过程不得有异常噪声。制动器在额定负载下闭合时，制动衬垫和制动盘的贴合面积应不小于设计面积的 50%；制动衬垫周边与制动钳体的配合间隙任一处应不大于 0.5mm。制动器应设有自动补偿机构，以便在制动衬块磨损时进行自动补偿，保证制动力矩和偏航阻尼力矩的稳定。在偏航系统中，制动器可以采用常闭式和常开式两种结构形式。常闭式制动器是在有动力的条件下处于松开状态，常开式制动器则是处于锁紧状态。两种形式相比较并考虑失效保护，一般采用常闭式制动器。制动盘通常位于塔架或塔架与机舱的适配器上，一般为环状。制动盘的材质应具有足够的强度和韧性，如果采用焊接连接，材质还应具有比较好的可焊性。此外，在机组寿命期内，制动盘不应出现疲劳损坏。制动盘的连接、固定必须可靠牢固，表面粗糙度应达到 $Ra3.2\mu m$。制动钳由制动钳体和制动衬块组成。制动钳体一般采用高强度螺栓连接，用经过计算的足够的力矩固定于机舱的机架上。制动衬块应由专用的摩擦材料制成，一般推荐用铜基或铁基粉末冶金材料制成，铜基粉末冶金材料多用于湿式制动器，而铁基粉末冶金材料多用于干式制动器。

偏航制动器实物图如图 5-5 所示。

图 5-5 偏航制动器实物图

四、偏航计数器

偏航计数器是记录偏航系统旋转圈数的装置，如图 5-6 所示，当偏航系统旋转的圈数达到设计所规定的初级解缆和终极解缆圈数时，计数器则给控制系统发信号，使机组自动进行解缆。计数器一般是一个带控制开关的蜗轮蜗杆装置或是与其相类似的程序。

五、纽缆保护装置

纽缆保护装置是偏航系统必须具有的装置，它是出于失效保护的目的而安装在偏航系统中的。它

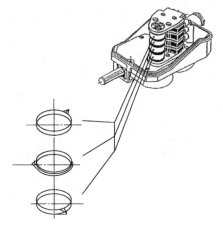

图 5-6　偏航计数器结构图

的作用是在偏航系统的偏航动作失效后，电缆的纽绞达到威胁机组安全运行的程度而触发该装置，使机组进行紧急停机。一般情况下，这个装置是独立于控制系统的，一旦这个装置被触发，则机组必须进行紧急停机。

纽缆保护装置一般由控制开关和触点机构组成，控制开关一般安装于机组的塔架内壁的支架上，触点机构一般安装于机组悬垂部分的电缆上。当机组悬垂部分的电缆纽绞到一定程度后，触点机构被提升或被松开而触发控制开关。

第六章 机组刹车系统

风力发电机组工作环境比较恶劣，不同的风力发电机组对风速有一定的范围要求。当风速不在这个范围时，风力发电机就处于刹车停机状态。如果风力发电机在运行过程中，风速高于设计范围，机组应立即发出刹车指令，防止风轮失速引起风力发电机组的破坏。此外，当风速低于实际范围时，在检修机组时，也应该使机组处在刹车状态，以防人员伤害及机组损坏。同时根据不同的工作要求，刹车装置分别处在开与关的状态。

在大中型风力发电机组中，刹车系统一般由空气动力刹车机构、主轴刹车机构和偏航刹车机构组成。空气动力刹车机构，在定桨距机型的风力发电机组中，一般是指叶尖扰流器，在变桨距机型中，指可以通过叶片桨距角的变化达到控制风轮系统转速的变桨距机构。在这里，变桨距机构已经不再是简单的刹车机构，它还担负着充分利用来流风能的任务。关于变桨距机构的刹车原理和执行机构，第二章第二节有相关论述。主轴刹车机构位于传动系统，在机组需要最终停车时，起着重要作用。偏航刹车机构位于偏航系统，为偏航系统提供锁紧力矩。

第一节 空气动力刹车机构

空气动力刹车系统常用于失速控制型机组安全保护系统，安装在叶片上。与变桨距系统不同，它主要是限制风轮的转速，并不能使风轮完全停止转动，而是使其转速限定在允许的范围内。这种空气动力刹车系统一般采用失效-安全型设计原则，即在风力发电机组的控制系统和安全系统正常工作时，空气动力刹车系统才可以恢复到机组的正常运行位置，机组可以正常投入运行；一旦风力发电机组的控制系统或安全系统出现故障，则空气动力刹车系统立即启动，使机组安全停机。

叶片空气动力刹车也有的采用降落伞或在叶片的工作面或非工作面加装阻流板，达到空气动力刹车的目的。空气动力刹车系统作为第二个安全系统，常通过超速时的离心力起作用。

空气动力刹车可以是主动式或被动式的。主动式空气动力刹车系统在转速下降停机后，空气动力刹车部分借助控制系统能自动复位；而被动式空气动力刹车系统一般需要人工进行复位。早期风力发电机组有采用被动式结构的，大型风力发电机组很少采用。

一、叶尖扰流器

叶尖扰流器形式的空气动力刹车，是目前定桨距风力发电机组设计中普遍采用的一种刹车形式。当风力发电机组处于运行状态时，叶尖扰流器作为桨叶的一部分，起吸收风能的作用，保持这种状态的动力是风力发电机组中的液压系统。液压系统提供的液压油，通过旋转接头进入安装在桨叶根部的液压缸，压缩叶尖扰流器机构中的弹簧，使叶尖扰流器与桨叶主体连为一体；当风力发电机需要停机时，液压系统释放液压油，叶尖扰流器在离心力作用下，按设计的轨迹转过90°，成为阻尼板，在空气阻力下起制动作用。

在定桨距风力发电机组中，空气动力刹车主要通过叶尖形状的改变使气流受阻碍，改变的方式如前所述，主要是叶尖部分旋转，产生阻力，使风轮转速下降。其结构是由安装在叶尖的扰流器通过不锈钢丝绳与叶片根部的液压油缸的活塞杆相连接构成。图6-1~图6-3所示是空气动力刹车系统的正常运行位置和刹车位置。使叶片空气动力刹车部分维持在正常位置，需要克服叶尖部分的离心力，这一部分动力通常由液压系统提供。

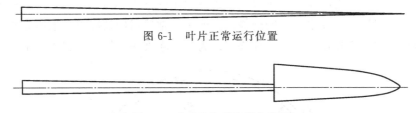

图6-1 叶片正常运行位置

图6-2 叶尖扰流器的刹车位置

当风力发电机组正常运行时，在液压力的作用下，叶尖扰流器与叶片主体部分精密地合为一体，组成完整的叶片。当风力发电机组需要脱网停机时，液压油缸失去压力，扰流器在离心力的作用下释放并旋转80°~90°形成阻尼板。由于叶尖部分处于距离轴最远点，整个叶片作为一个长的杠杆，使扰流器产生的气动阻力相当高，足以使风力发电机组在几乎没有任何磨损的情况下迅速减速，这一过程即为叶片空气动力刹车。叶尖扰流器是风力发电机组的主要制动器，每次制动时都是它起主要作用。

图6-3 叶尖扰流器
刹车位置的侧视图

在叶轮旋转时，作用在扰流器上的离心力和弹簧力会使叶尖扰流器力图脱离叶片主体，转动到制动位置；而液压力的释放，不论是由于控制系统正常指令，还是液压系统的故障引起，都将导致扰流器展开而使叶轮停止运行。因此，空气动力刹车是一种失效保护装置，它使整个风力发电机组的制动系统具有很高的可靠性。

二、变桨距机构的空气刹车作用

变桨距风力发电机的空气动力刹车是通过桨叶迎角的变化来实现的。当然，对于变桨距风力发电机组，机组控制叶片桨距角的改变不仅是用于气动刹车，变桨距机构更大的意义在于通过桨距角的变化去适应随时变化的风速，最大程度地吸收风能。当吸收的风能大于机组的额定功率时，通过改变桨距角对机组进行功率调节。

变桨距风力发电机组通过变桨距系统控制叶片的转动，也可以使风力机具有最佳的刹车性能。在发电机与电网断开之前，可以通过桨距调节其输出功率至零，这意味着当风力机与电网断开时没有力矩作用于传动系统，增加了系统的安全性。尤其是在需要紧急停车时，定桨距风力机的停车过程通常是偏航、断电、下闸，动作时间长，对系统冲击大。而变桨距风力机停车过程是关桨到最大桨距角，以增大空气阻力，实行气动刹车，之后才进行机械刹车，对机组冲击小，提高了机组的可靠性和寿命。关于变桨距控制的相关内容见第二章，这里不再介绍。

第二节 主轴刹车机构

图 6-4 所示为主轴刹车机构，由安装在低速轴或高速轴上的刹车圆盘与布置在四周的液压夹钳构成。液压夹钳固定，刹车圆盘随轴一起转动。刹车夹钳有一个预压的弹簧制动力，液压力通过油缸中的活塞将制动夹钳打开。机械刹车的预压弹簧制动力，一般要求在额定负载下脱网时能够保证风力发电机组安全停机。但在正常停机的情况下，液压力并不是完全释放，即在制动过程中只作用了一部分弹簧力。为此，在液压系统中设置了一个特殊的减压阀

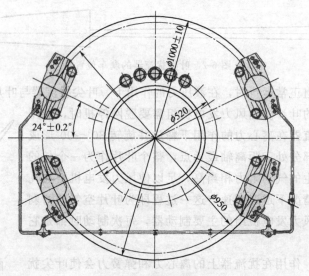

图 6-4 主轴刹车机构

和蓄能器,以保证在制动过程中不完全提供弹簧的制动力。

为了监视机械刹车机构的内部状态,刹车夹钳内部装有温度传感器和指示刹车片厚度的传感器。

第三节 偏航制动器

偏航系统一般由偏航轴承、偏航驱动装置、偏航制动器、偏航计数器、纽缆保护装置、偏航液压回路等几个部分组成。偏航系统的一般组成结构如图 6-5 所示。

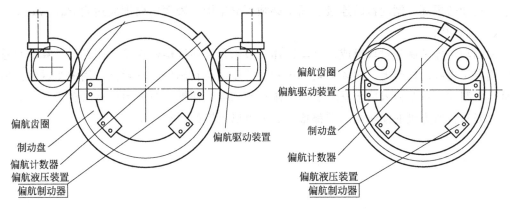

(a) 外齿驱动形式的偏航系统　　　　　　(b) 内齿驱动形式的偏航系统

图 6-5　偏航系统结构简图

偏航制动器一般采用液压拖动的钳盘式制动器,其结构简图如图 6-6 所示。

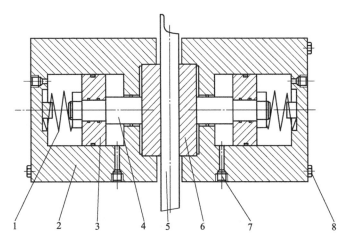

图 6-6　偏航制动器结构简图

1—弹簧；2—制动钳体；3—活塞；4—活塞杆；5—制动盘；
6—制动衬块；7—接头；8—螺栓

(1) 偏航制动器

偏航制动器是偏航系统中的重要部件,制动器应在额定负载下,制动力矩稳定,其值应不小于设计值。在机组偏航过程中，制动器提供的阻尼力矩应保持平稳，与设计值的偏差应小于5%，制动过程不得有异常噪声。制动器在额定负载下闭合时，制动衬垫和制动盘的贴合面积应不小于设计面积的50%；制动衬垫周边与制动钳体的配合间隙任一处应不大于0.5mm。制动器应设有自动补偿机构，以便在制动衬块磨损时进行自动补偿，保证制动力矩和偏航阻尼力矩的稳定。在偏航系统中，制动器可以采用常闭式和常开式两种结构形式，常闭式制动器是在有动力的条件下处于松开状态，常开式制动器则是处于锁紧状态。两种形式相比较并考虑失效保护，一般采用常闭式制动器。

（2）制动盘

通常位于塔架或塔架与机舱的适配器上，一般为环状，制动盘的材质应具有足够的强度和韧性，如果采用焊接连接，材质还应具有比较好的可焊性，此外，在机组寿命期内制动盘不应出现疲劳损坏。制动盘的连接、固定必须可靠牢固，表面粗糙度应达到 $Ra3.2\mu m$。

（3）制动钳

由制动钳体和制动衬块组成。制动钳体一般采用高强度螺栓连接，用经过计算的足够的力矩固定于机舱的机架上。制动衬块应由专用的摩擦材料制成，一般推荐用铜基或铁基粉末冶金材料制成，铜基粉末冶金材料多用于湿式制动器，而铁基粉末冶金材料多用于干式制动器。一般每台风力机的偏航制动器都备有2个可以更换的制动衬块。

第七章 风力发电机组的发电机及其他电气设备

风力发电机组涉及许多不同领域，如空气动力学、材料学、机械学等。同样，在电气技术和自动控制领域，风力发电机组也涉及许多不同的学科。随着类型不同、额定输出功率不同，风力发电机组的电气设备也有所不同。如中小型离网风力发电机组可能会涉及的电气设备是电能储存设备（一般为各类蓄电池）、交直流发电机、逆变器等。如果是大型并网风力发电机组，则可能涉及各类交流发电机、变频器、可编程控制器等。本章介绍风力发电机组的发电机及其他电气设备。

第一节　发电机

一、发电机结构及基本工作原理

发电机是根据电磁感应原理运行的，属于感应电机的一种。感应电机包括电动机和发电机，它们都是用于实现机械能和电能相互转换的电磁机械。发电机由原动机驱动，将其他形式的能源，如水能、风能、燃料燃烧或原子核裂变产生的能量转换成电能，并向电网输出电功率。对于风力发电机组，发电机其能量来源是风能；电动机从电源吸收电功率，向机械系统输出机械功率。

1. 电磁感应定律和电磁力定律

感应电机运行原理基于电磁感应定律和电磁力定律。所谓电磁感应定律，表示导体在磁场中做切割磁力线运动时，将产生感应电动势。磁场方向、导体运动方向和感应电动势方向，三者之间的关系可用右手定则表示，如图7-1所示。它们的关系是：伸开右手手掌，使拇指和其他四指相垂直，以手心对准磁场的北极（N极），使拇指指向导体运动的方向，那么四指的指向便是导体内感应电动势的方向。实际可以用它来判断导体在磁场中运动时其感应电动势（或感应电流）的方向，因此也把它叫作发电机定则，也是发电机工作的最基本的工作原理。

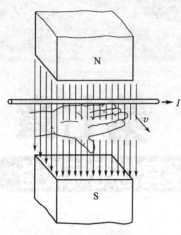

图7-1 右手定则

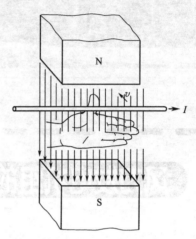

图7-2 左手定则

所谓电磁力定律，是表示载流导体在磁场中受力作用时，磁场方向、电流方向和载流导体受力方向三者之间的关系，可用左手定则表示。它们的关系是：伸开左手手掌，使拇指和其他四指相垂直，以手心对准磁场的北极（N极），使四指指向电流的方向，那么拇指的指向便是导体受力的方向，如图7-2所示。实际上，可用它来判断载流导体在磁场中的运动方向，所以也把它叫作电动机定则，也是电动机工作的最基本原理。电动机的旋转方向也可以根据这个定则判定。

2. 发电机结构

发电机通常由定子、转子、外壳（机座）、端盖及轴承等部件构成。图7-3所示为笼型交流异步感应风力发电机。

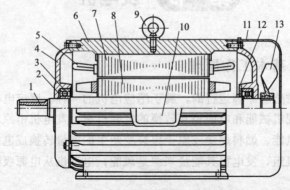

图7-3 笼型交流异步感应风力发电机
1—轴；2—弹簧片；3—轴承；4—端盖；5—定子绕组；6—机座；7—定子铁芯
8—转子铁芯；9—吊攀；10—接线盒；11—风罩；12—轴承内盖；13—风扇

定子由定子铁芯、定子绕组、机座、接线盒以及固定这些部件的其他结构件组成。

转子由转子轴、转子铁芯（或磁极、磁轭）、转子绕组、护环、中心环、集电环及风扇等部件组成。轴承及端盖将发电机的定子、转子连接组装起来，使转子能在定子中旋转，做切割磁力线的运动，从而产生感应电动势，通过接线端子引出，接在回路中，便产生了交流电流。

直流发电机实质上是带有换向器的交流发电机。从电磁情况分析，一台直流电机原则上既可作为电动机运行，也可以作为发电机运行，只是约束的条件不同而已。在直流电机的两电刷端加上直流电压，将电能输入电枢绕组中，机械能从电机轴上输出，拖动生产机械，将电能转换成机械能时称为电动机。

3. 基本工作原理

感应电机在进行能量转换时，应具备能做相对运动的两大部件：建立励磁磁场的部件和产生感生电动势并流过工作电流的被感应部件。这两个部件中，静止的称为定子，做旋转运动的称为转子。定子、转子之间有空气隙，以便转子旋转。

电磁转矩由气隙中励磁磁场与被感应部件中电流所建立的磁场相互作用产生。通过电磁转矩的作用，发电机从机械系统吸收机械功率，电动机向机械系统输出机械功率。建立上述两个磁场的方式不同，形成不同种类的电机。例如两个磁场均由直流电流产生，则形成直流电机；两个磁场分别由不同频率的交流电流产生，则形成异步电机；一个磁场由直流电流产生，另一磁场由交流电流产生，则形成同步电机。

电机的磁场能量基本上储存于气隙中，它使电机把机械系统和电系统联系起来，并实现能量转换，因此，气隙磁场又称为耦合磁场。

当电机绕组流过电流时，将产生一定的磁链，并在其气隙磁场内存储一定的电磁能量。磁链及磁场储能的多少随定、转子电流以及转子位置不同而变化，由此产生电动势和电磁转矩，实现机电能量转换。这种能量转换理论上是可逆的，即同一台电机既可作为发电机也可作为电动机运行。在实际运行中，风力发电机组启动时，由于输入风能增长不稳定，不足以将风力发电机拖入同步转速附近，一般是将风力发电机作为电动机使用，从电网取得电能，将风力发电机组拖到同步转速附近。电机内部能量转换过程中，存在电能、机械能、磁能和热能。热能是由电机内部能量损耗产生的。

对电动机而言，从电源输入的电能＝耦合电磁场内储能增量＋电机内部的能量损耗＋输出的机械能。

对发电机而言，从机械系统输入的机械能＝耦合电磁场内储能增量＋电机内部的能量损耗＋输出的电能。

二、交流感应发电机

感应电机分为直流电机和交流电机。交流感应电机按功用分类，可分为交流发电机和交流电动机。而交流发电机又分为交流同步发电机和交流异步发电机。

（一）交流同步发电机

1. 交流同步发电机的工作原理

交流同步发电机是根据电磁感应原理制造的。交流同步发电机通常由两部分线圈构成：

为了提高磁场的强度，一部分线圈绕在定子槽内，其线圈可输出感应电动势和感应电流，所以又称其为电枢；另一部分线圈绕在转子上。一根轴穿过转子中心，轴两端由机座轴承构成支撑。转子与定子内壁之间保持均匀而小的间隙，保持灵活转动。工作时，转子线圈通以直流电，形成直流恒定磁场，在风轮的带动下转子快速旋转，恒定磁场也随之旋转，定子线圈被磁场磁力线切割，产生感应电动势，发电机就发出电来。由于定子磁场是由转子磁场引起的，且它们之间总是保持着一先一后并且等速的同步关系，转速 n 和交流电网的频率 f 成严格比例，所以称为同步发电机，其工作转速为：

$$n_1 = \frac{60f}{p} \tag{7-1}$$

式中　p——电机的极对数。

同步发电机在额定转速 n_1 下，其输出电力的电压和频率也达到额定值；变转速运行时，频率、电压也随之变化。现代同步发电机的电枢绕组装在定子上，而励磁绕组则装在转子上。通常使转子励磁的直流电是由与转子装在同一轴上的直流发电机供给的，或者采用由交流电力网经硅整流器馈给的励磁回路提供。自激磁式的同步发电机供转子励磁用的直流电是利用接到发电机定子绕组的硅整流器来得到的，在转子刚启动的片刻，旋转转子微弱剩磁的磁场在定子绕组中感应出少许交流电动势，而硅整流器就会发出直流电来加强转子磁场，发电机电压因而升高。为了达到在额定负荷范围内稳住发电机输出电压的目的，即实现在同步发电机额定负荷范围内稳定输出电压，必须通过调控转子磁场来调节同步发电机的输出电压，改善其带负载能力。

2. 同步发电机并网

当同步发电机接入电网并联应用时，它的电动势的瞬时值在任何瞬间都应该和电力网对应电压的瞬时值在数值上相等而方向上相反。根据这一要求，得出下列并网条件：被接入发电机的电动势应该和电力网电压具有相同的有效值，频率等于电力网频率，相位和电力网相位恰巧相反，而相位的轮换应该和电力网的相位轮换相符合。要完成并网接入的条件，被接入发电机需要预先整步，整步按下列方式进行。

先使发电机大致达到同步转速，然后调整发电机的励磁，使得在发电机线端上电压表所指示的数值等于电力网电压。此时发电机的相序应该和电力网的相序相一致，然后对发电机的频率尤其是电动势的相位做更精确的调整，直至完全达到并网条件。

3. 同步发电机优缺点

同步发电机在机械结构和电气性能上都具有许多优点：所需励磁功率小，仅约为额定功率的1%，因而同步发电机的效率很高；通过调节它的励磁，不但可以调节电压，还可调节无功功率，从而在并网运行时无需电网提供无功功率；可采用整流-逆变的方法实现变速运行。

同步发电机的缺点也很明显：它需要严格的调速及并网时调整相序、频率与电网同步的装置；直接并网时，阵风引起的风力机转矩波动无阻尼输入给发电机，强烈的转矩冲击产生失步力矩，将使发电机与电网解列（失步力矩是额定转矩的2.5~5倍，失步力矩与额定力矩的比例随发电机额定功率的提高而变小），通常需要风力机采用变桨距控制，以使瞬态转矩被限制在同步发电机的失步力矩之内；与异步发电机相比价格高。

（二）永磁直驱型同步发电机

离网型风力发电机普遍使用同步发电机，因为离网型风力发电机转速是自由的。并网同步发电机的电枢绕组与三相电网连接，励磁绕组与直流电源连接，需要全功率的逆变器将直流变为交流，受大功率半导体器件制造技术水平的限制，早期大型风力发电机组无法使用。近年来由于大功率半导体器件制造技术水平的提高，以及永磁直驱型同步发电机的技术突破，同步发电机才在大型风力发电机组上又使用起来。直接驱动（直驱）永磁同步发电机与大电网中的同步发电机属于同一类型。

所谓永磁直驱型同步发电机，就是在机组传动系统中取消了齿轮箱和传动轴，机组风轮系统直接驱动机组的低速多磁极永磁同步发电机，采用变桨距变速恒频运行方式，使用一台全功率变流器将频率变化的风电转换成工频电能送入电网。

这种直驱型机组使传动系统部件的数量减少，没有传动磨损和漏油所造成的机械故障，减少了齿轮传动装置需要的润滑、清洗等定期维护工作，降低了风力发电机组的运行维护成本，也使整机的生产周期大大缩短。直驱型发电机取消了传动轴，使机组水平轴方向的长度大大缩短，而且增加了机组稳定性，同时也降低了机械损耗，提高了风力发电机组的可利用率和使用寿命，降低了风力发电机组的噪声。

永磁同步发电机与电励磁同步发电机和双馈型交流发电机相比，不用外接励磁电源，没有集电环和电刷，不仅简化了结构，而且提高了可靠性和机组效率。直驱型同步发电机的外表面面积大，易散热；由于没有电励磁，转子损耗近似为零，可采用自然通风冷却，结构简单可靠。

采用永磁发电技术及变速恒频技术，提高了风电机组的效率，可以进行无功补偿。全功率变流器能在极端恶劣的环境下可靠工作。发电机功率因数高，其值接近或等于1，提高了电网的运行质量。

永磁直驱型同步发电机组存在的缺点是：对永磁材料的性能稳定性要求较高；多磁极使发电机外径和重量大幅度增加；另外，IGBT 变流器的容量较大，一般要选发电机额定功率的 120% 以上。

理论上，直驱型风力发电机具有维护成本低、耗材少等经济可靠的优点，但在实际制造过程中，现阶段发电机本身的制造成本和控制难度都比较大，直驱型风力发电机组的售价高于双馈型风力发电机组，短期内两种技术路线并存的局面难以改变。

（三）异步发电机

用外加机械力使接在三相电网中的异步电动机以高于定子旋转磁场的转速（同步转速）旋转，这时转子中的电势和电流变到与电动机相反的方向，其后果是旋转磁场和转子电流间的相互作用力也改变方向而反抗旋转，电动机功率为负，即转而向外输出电能。此时转差率 $s=(n_1-n_2)/n_1$ 为负（n_1、n_2 分别为定子旋转磁场和转子的转速），异步发电机的功率随该负转差率绝对值的增大而提高。额定转差率在 $-0.5\%\sim-0.8\%$ 之间，特殊装配的转子可以提高转差率，但使发电机的效率下降。

异步发电机向电网输送有功电流，但也从电网吸收落后的反抗电流（磁化电流），因此需要感性电源以得到这样的电流，与它并联工作的同步发电机可以作为这样的电源，所以异步发电机不能单独工作，但它所需反抗电流也可以由和异步发电机并联的静电电容器供给。在此情况下，异步发电机的启动是依靠本身的剩磁而得到自激励的。异步发电机吸收反抗电流的这一特点使其在并网工作时，将使电网的功率因数恶化。

大型交流异步笼型风力发电机结构简图如图 7-4 所示。

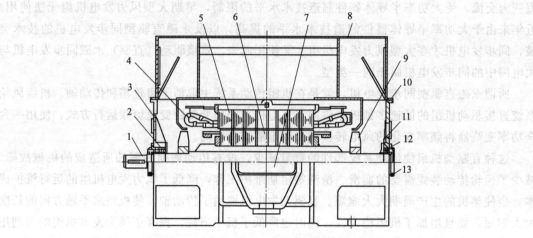

图 7-4　大型交流异步笼型风力发电机结构简图
1—轴；2—轴承；3—端盖；4—定子绕组；5—定子铁芯；6—转子铁芯；7—接线盒；
8—顶罩；9—风扇；10—机座；11—轴承内盖；12—轴承外盖；13—排油器

异步发电机的优点是：结构简单，价格便宜，维护少；允许其转速在一定限度内变化，可吸收瞬态阵风能量，功率波动小；并网容易，不需要同步设备和整步操作。

（四）双速异步发电机

发电机的设计额定功率与实际运行中经常出现的小功率状态值之比过大时，由于大容量发电机在小功率运行时的效率很低，使得小风速下运行的风力发电机很不经济。为此，用于定桨距风力机发电的双速异步发电机一般将定子绕组数设计为 4 极和 6 极，其同步转速分别为 1500r/min、1000r/min；6 极绕组的额定功率设计为 4 极绕组额定功率的 1/5～1/4。在风力较强的高风速段，发电机绕组接成 4 极运行，在风力较弱时，发电机绕组换接成 6 极运行，这样可以更好地利用风能，也保证了发电机在不同工况下都具有高效率。

（五）双馈型异步发电机

双馈型异步发电机又被称为交流励磁发电机。双馈型异步发电机实际是异步感应发电机的一种改进，它由绕线转子异步发电机和在转子电路上所带交流励磁器组成。同步转速之下，转子励磁输入功率，定子侧输出功率；同步转速之上，转子和定子均输出功率，所以称之为双馈运行。

风力发电机组使用双馈型异步发电机的运行方式为变速恒频，变速是为了适应风速的不确定性，恒频是为了满足并网的需要。必须要通过变流装置与电网频率保持同步才能并网，但可以补偿电网中的功率因数。采用变流器的双馈型发电机组将有更宽的调速范围，比全功率变流器更为经济，这是促使双馈系统得到广泛应用的原因。

双馈型异步发电机的结构复杂。双馈型异步发电机使用集电环和电刷，效率较低，维护工作量较大，比其他结构更容易受到电网故障的影响。必须采用双向变流器，即四象限双 PWM 背靠背变频器，由两套 IGBT 变流器构成，价格是同容量单象限变频器的 2 倍。

变桨距变速恒频双馈型风电机组是由风轮通过增速齿轮箱驱动发电机。它在无法生产大功率低速永磁发电机的时期，是大型风力发电机组的主流机型。相比直驱型风电机组，其噪声和故障率较高、传动效率稍低、成本较高，但是其在技术上是比较成熟的。目前国内生产的机型仍以变桨距变速恒频双馈型机组为主。

双馈型发电机转子由于采用通过变流器进行交流励磁，使其具有灵活的运行方式，在解决风力发电机持续工频过电压、变速恒频发电、风力发电机组的调速等问题方面有着传统同步发电机无法比拟的优越性。

双馈型发电机主要的运行方式有以下三种：运行于变速恒频方式；运行于无功大范围调节的方式；运行于发电-电动方式。

1. 双馈型异步发电机的工作原理

双馈风力发电机组基本组成如图 7-5 所示。

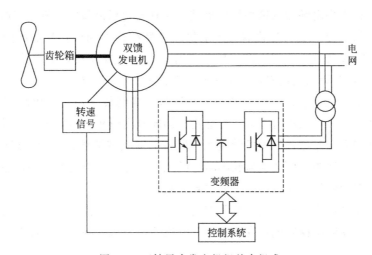

图 7-5 双馈风力发电机组基本组成

双馈型发电机的定子接入电网时，通过脉宽调制（PWM）、交-直-交（AC-DC-AC）变频器向发电机的转子绕组提供低频励磁电流。为了获得较好的输出电压和电流波形，输出频率一般不超过输入频率的 1/3，其容量一般不超过发电机额定功率的 30%，通常只需配置一台 1/4 功率的变频器。

通过机组控制系统对逆变电路中功率器件的控制，可以改变双馈型发电机转子励磁电流的幅值、频率及相位。通过改变励磁频率，可调节转速。这样在负荷突然变化时，迅速改变发电机的转速，充分利用转子的动能释放和吸收负荷，对电网的扰动远比常规发电机要小。通过调节转子励磁电流的幅值和相位，可达到调节有功功率和无功功率的目的。当转子电流的相位改变时，由转子电流产生的转子磁场在气隙空间的位置就产生一个位移，改变了双馈型发电机电动势与电网电压向量的相对位置，也就改变了发电机的功率角。当发电机吸收电网的无功功率时，往往功率角变大，使发电机的稳定性下降。而双馈型发电机却可以通过调节励磁电流的相位，减小机组的功率角，使机组运行的稳定性提高，从而可更多地吸收无功功率，克服由于夜间负荷下降造成电网电压过高的问题。

风力发电机组最佳工况时的转速应由其气动曲线及电网的功率指令综合得出。也就是说，风力发电机组的转速随风速及负荷的变化应及时做出相应的调整，依靠转子动能的变化吸收或释放功率，减少对电网的扰动。这样既提高了机组的效率，又对电网起到稳频、稳压的作用。

一般异步发电机正常运行时的转速高于同步转速，其输出功率的大小与转子转差率的大小有关。适当增大发电机的额定转差率可以减小输出功率的波动幅度，但是增大转差率会增加发电机的损耗，降低发电机的效率。同时，发电机的转速还受发电机温度的影响，应综合考虑以上多方面因素，制定合适的转差率。由于双馈型发电机的转子通过变频器进行交流励磁，通过对变频器的控制可以很方便地对发电机转差率进行调节。调节转差率在±10%范围内变化，就可以使双馈型发电机的转速在额定转速±30%范围内变化，从而使风轮的转速范围扩大，即双馈型发电机组可以在较大风速范围内实现变速运行。

2. 双馈异步发电机的结构特点

双馈型发电机在结构上采用绕线转子，转子绕组电流由集电环导入，定子、转子均为三相对称绕组，这种带集电环的双馈型发电机被称为有电刷双馈型发电机。双馈型发电机仍然是异步发电机，除了转子绕组与普通异步电机的笼型结构不同外，其他部分的结构完全相同。因此双馈型异步发电机适用于较高转速，通常为4极或6极，工作转速为1500r/min、1000r/min，风轮经多级增速齿轮箱提速后驱动双馈型交流发电机。

双馈型异步发电机定子通过断路器与电网连接，绕线转子通过四象限变频器与电网相连，变频器对转子交流励磁进行调节，保证定子侧同电网恒频恒压输出。通过在双馈型异步发电机与电网间加入变流器，发电机转速就可以与电网频率解耦，并允许风轮速度有变化，也能控制发电机气隙转矩。变转速风轮的转速随风速变化，可以使风轮保持在最佳效率状态下运行，获取更多的能量，并减小因阵风引起的载荷。

双馈型异步发电机组全部采用变桨距控制的风轮。变桨距控制可以有效地调节风轮转速及其吸收的功率，变桨距控制配合变流器对发电机的转差率控制，使双馈型异步发电机组有更宽的调速范围。

三、风力发电机特殊的工作条件

风力发电用发电机必须面对的首要问题就是风的随机性。这种特殊性体现在以下几方面。

① 普通发电机都必须稳定地运行在同步转速（同步发电机）或同步转速附近（异步发电机），以常规能源作为驱动力的水轮机和蒸汽轮机将转速调节到发电机要求的同步转速，现代技术很容易实现。由于风速是时刻变化的，因此风力发电机组的风轮的转速也是瞬时变化的。要想使风轮的转速稳定在同步转速附近比较困难，除在发电机本身设计上采取一些措施外，还需要在发电机的运行控制上采取相应的措施。

② 由于风力发电机组风轮的转速随风速瞬时变化，发电机的输出功率也随之波动，而且幅值较大；而普通发电机经常处于额定或相对稳定的状态下运行。当风速过大时，发电机将会过载，所以风力发电用发电机在设计时对其过热、过载能力以及机械结构等方面要求与普通的发电机大不相同，其过载能力及时间应远大于普通的发电机，同时其导线要有足够的

载流量和过电流能力,以免出现引出线熔断事故。

③ 由于风速具有不可控性,风力发电机组多数时间运行于额定功率以下,发电机经常在半载或轻载下运行。为保证定桨距失速调节发电机在额定功率以下运行时具有较高的效率并改善发电机的性能,应尽量使风力发电机的效率曲线比较平缓。但是,由于发电机的效率曲线一般在20%左右的额定负荷下下降较大,因而异步风力发电机多采用变极(双速)结构,发电机出力在大发电机额定功率的20%左右时切换为小发电机运行,大大改善了20%额定负荷以下发电机的运行效率。这样不仅增大了风力发电机组的年发电量,而且有效地减少了发电机发热问题。

④ 由于风速的不确定性,当风速太低或机组发生故障时,发电机的输出必须脱离电网。而风力发电机组脱网相当于发电机甩负荷,发电机甩负荷后转速上升,极易出现"飞车"现象,造成发电机机械和电气结构的损坏。因为风力发电机组的脱、并网操作比较频繁,必须依靠超速保护系统使风力发电机组停机。如果超速保护系统发生故障,由于发电机被封闭的外壳罩住,不易观察,风力发电机组重新投入运行可能使发电机损坏或恶化,而且损坏后难以修复,因此,要求在设计时应保证风力发电机转子的飞逸转速应为1.8~2倍的额定转速,而一般异步电动机的飞逸转速仅为额定转速的1.2倍。

由于风电场建立的环境条件,一般均为沿海地区或是内陆的沙漠地带,或是两个山峰之间的山坳口,自然环境决定了选择和设计风力发电机组的电气设备时必须充分考虑这些因素。在沿海地区,相对湿度较大,潮湿空气中可能还会含有盐分;在南方,夏季阳光直接照射机舱外壳,但机舱的通风条件又相对较差些,机舱内的温度会高些,可能会超过40℃;在内陆的沙漠地带或山坳口,特别是像在新疆、内蒙古等地区,风沙较大,空气中的固体物含量很高,冬季时特别寒冷,一般会到-20℃,甚至极端会到-40℃左右。

因为风速是不稳定的,是随时变化的,有时瞬间变化可达10m/s以上,风力发电机组处于负载不稳定状态,极端时有可能严重过载。尽管如此,总体而言,这些电气设备大部分时间处于轻载状态,无风时(风速达不到启动风速)则处于停机状态,所以风力发电机组的电气设备尤其是发电机部分的投、切(并网和脱网)操作比其他类型的发电机要频繁许多。

正是由于风力发电条件的种种特殊性,对风力发电机也就有相应的一些特殊要求。

① 发电机的外壳防护等级宜选用全封闭式电机。

② 发电机的冷却方式一般为电机外壳表面带散热筋加外风扇。

③ 发电机的绝缘等级选用F级,而且经VPI(真空压力无溶剂浸渍)处理。

④ 发电机内带空间加热器。

⑤ 发电机底部要有气压平衡孔,此孔又能起到排出凝露水的作用。

⑥ 发电机振动要小,振速不超过2.8mm/s;噪声要低,一般要求$L_p \leqslant 85dB$(A),大机组的$L_p \leqslant 82dB$(A)。

⑦ 对安装在北方地区的发电机,轴承润滑脂选用时要考虑到冬季的低温。

⑧ 发电机的飞逸转速要高,一般大于1.5倍同步转速。

⑨ 发电机的效率要高,且转差率要大,效率曲线要平坦。

⑩ 发电机的自然功率因数要尽可能高,以减少对电网无功功率的吸收或降低补偿电容

⑪ 发电机的外形尺寸要小，重量要轻，以减小机舱的体积，减轻机舱的重量。

⑫ 发电机端电压的波动一般为±5%，最好能考虑到±8%，甚至±10%的波动。

⑬ 发电机的堵转电流要小。

四、风力发电机的使用维护

正确、准确的安装和良好的维护，很大程度上决定了发电机投入运行后性能的满意度，可以避免意外的故障和损坏，因此安装发电机前必须认真、仔细阅读发电机制造商提供的使用维护说明书。这里着重提出风力发电机使用、维护应特别注意的事项。

1. 发电机的安装

发电机安装前必须认真做好有关准备工作，在此基础上确定位置标记，以便找出机组的中心线及基础面的标高，按发电机的外形图核对基础以确定电缆、电缆管道等的布置位置，核对电机底脚孔与安装基础的尺寸、位置，准备足够的、有多种不同厚度的底脚安装调节垫片，最薄的垫片厚度应为 0.10mm 的紫铜垫片，垫片的尺寸比电机底脚平面的尺寸略大，在高度方向调整对准以前，任一底脚面与钢基础面之间有间隙存在时，则用塞尺测量此间隙精确到最薄的塞尺片或到 0.05mm 以内，记录间隙值、位置及塞尺片从每只底脚外边插入的深度，按以上测得所需的垫片厚度，初步制作一套垫片，并在适当的位置插入所需的垫片。注意最后轴线对准所加的垫片，应尽可能用数量少的厚垫片而不是用数量多的薄垫片，组成厚度 1.5mm 以上的多张垫片应改用等厚度的单张垫片代替。电机对中心时必须用百分表，特别要提醒注意的是尽管弹性联轴器允许相当量的轴线不准度，但是即使只有千分之几毫米的失调，也可能将巨大的振动引入系统之中。为了获得最长轴承寿命及最小的振动，要尽量调整对准机组的中心，并要核对热状态下的对准情况。经验表明，如果限制角度偏离在小于等于 300mm 直径位置处不大于 0.05mm，而对较大直径位置处不大于 0.10mm，限制位置偏离不大于 0.05mm——全部指针移动幅值，则可以得到满意的效果。

2. 电气连接及空载运转

发电机的电力线路、控制线路、保护及接地应按规范操作。在电源线与发电机连接之前，应测量发电机绕组的绝缘电阻，以确认发电机可以投入运行，必要时可以采取干燥措施。初次启动时，一般先不把齿轮箱与发电机机械连接起来，而是把发电机当作电动机，让其空载运转 1~2h，此时要调整好发电机的转向与相序的关系（双速发电机两个转速的转向——相序均必须正确），注意发电机有无异声，运转是否自如，是否有什么东西碰擦，是否有意外的短路或接地，检查电机轴承发热是否正常，电机振动是否良好。要注意三相空载电流是否平衡，与制造厂提供的数值是否相吻合。确认发电机空载运转无异常后才能把电机与齿轮箱机械连接起来，然后投入发电机工况运行。在发电机工况运行时，要特别注意发电机不能长时间过载，以免绕组过热而损坏。

3. 保护镇定值

为了保证发电机能长期、安全、可靠地运行，必须对发电机设置有关的保护，如过电压保护、过电流保护、过热保护等。过电压保护、过电流保护的镇定值，可依据保护元件的不同而做相应的设定，电机的过热保护参数设定如下。

绕组

B级：报警，125℃；跳闸，135℃。

F级：报警，150℃；跳闸，170℃。

轴承

报警，90℃；跳闸，95℃。

4. 绝缘电阻

电机绕组的绝缘电阻定义为绝缘对于直流电压的电阻，此电压导致产生通过绝缘体及表面的泄漏电流。绕组的绝缘电阻提供了绕组的吸潮情况及表面灰尘积聚程度的信息，即使绝缘电阻值没有达到最低值，也要采取措施干燥电机或清洁电机。

测量绝缘电阻是把一个直流电压加在绕组被测部分与接地的机壳之间，在电压施加了1min后读取其电阻值，绕组其他不测量部分或双速电机的另一套绕组和测温元件等均应接地。测量结束后必须把被测部分绕组接地放电。对于690V及以下的发电机，用500V的兆欧表，定子绕组三相整体测量时，20℃时的绝缘电阻值及 R_{insur} 不应低于 $3(1+U_n)$ MΩ（U_n 为电机的额定线电压，以kV计）。按照经验，温度每增加12℃，绝缘电阻约降一半，反之亦然。如果绝缘电阻低于最低许可值时，可以用最简单的办法来干燥电机，即把发电机转子堵住，通以约10%额定电压产生堵转电流加热绕组。允许逐渐增加电流直到定子绕组温度达到90℃，不允许超过这一温度，不允许增加电压到使电机转子转起来。在转子堵转下的加热过程要极其小心，以免损伤转子，维持温度为90℃，直到绝缘电阻实际上已稳定不变。开始时慢慢地加热是很重要的，这样可使潮气能自然地通过绝缘层而逸出，快速加热很可能会使局部的潮气压力升高，足以使潮气强行穿过绝缘层而逸出，这样会使绝缘遭到永久性的损伤。

5. 发电机的拆、装

一般情况下，不需要拆开发电机进行维护保养，如无特别原因，不需要把转子抽离定子。若必须抽转子，则在抽和塞转子过程中必须注意不要碰伤定子绕组。若需更换轴承（因为轴承是易损件），只需要拉下联轴器，拆开端盖、轴承盖和轴承套等。重新装配后的发电机同样宜先在空载状态下运转1~2h，然后再投入带负载运行。拆开发电机前必须仔细研究发电机制造商提供的发电机总装配图，然后确定拆、装的步骤。

6. 轴承

滚动轴承是有一定寿命的、可以更换的标准件。可以根据制造商提供的轴承维护铭牌或发电机外形图或其他随机资料上提供的轴承型号和润滑脂牌号、润滑脂加脂量和换脂加脂时间，进行轴承的更换和维护。特别要注意环境温度对润滑脂润滑性能的影响，对于冬季有严寒的地区，冬季使用的润滑脂与夏季使用的润滑脂不宜相同。这要风电场的使用维护人员注意，而发电机制造商一般不会考虑到这么细，他们通常给出的是按常规环境温度的工况选取的润滑脂牌号，而且实际上也没有理想的能适应环境温度变化范围为70℃的润滑脂。

7. 发电机的通风、冷却

风力发电机一般为全封闭式电机，其散热条件比开启式电机要差许多，因此设计机舱时必须考虑冷却通风系统的合理性。冷却空气要进得来，热空气要排得出，发电机表面的积灰必须及时消除。

五、风力发电机的常见故障

风力发电机常见的故障有绝缘电阻低,振动噪声大,轴承过热失效和绕组断路、短路接地等。下面介绍引起这类故障的可能原因。

1. 绝缘电阻低

造成发电机绕组绝缘电阻低的可能原因有:发电机温度过高,机械性损伤,潮湿、灰尘、导电微粒或其他污染物污染、侵蚀电机绕组等。

2. 振动、噪声大

造成发电机振动、噪声大的可能原因有:转子系统(包括与发电机相连的变速箱齿轮、联轴器)动不平衡,转子笼条有断裂、开焊、假焊或缩孔,轴径不圆,轴弯曲、变形,齿轮箱-发电机系统轴线未对准,安装不紧固,基础不好或有共振,转子与定子相摩擦等。

3. 轴承过热、失效

造成发电机轴承过热、失效的可能原因有:不合适的润滑脂,润滑脂过多或过少,润滑脂失效,润滑脂不清洁,有异物进入滚道,轴电流电蚀滚道,轴承磨损,轴弯曲、变形,轴承套不圆或椭圆形变形,电机底脚平面与相应的安装基础支撑平面不是自然地完整接触,电机承受额外的轴向力和径向力,齿轮箱-发电机系统轴线未对准,轴的热膨胀不能释放,轴承跑外圈,轴承跑内圈等。

4. 绕组断路、短路接地

造成发电机绕组断路、短路接地的可能原因有:绕组机械性拉断、损伤,接头和极间连接线焊接不良(包括虚焊、假焊),电缆绝缘破损,接线头脱落,匝间短路,潮湿、灰尘、导电微粒或其他污染物污染、侵蚀绕组,相序反,长时间过载导致电机过热,绝缘老化开裂,其他电气元件的短路、故障引起的过电压(包括操作过电压)、过电流而引起绕组局部绝缘损坏、短路,雷击损坏等。

发电机故障后,首先应当找出引起故障的原因和发生故障的部位,然后采取相应的措施予以消除。必要时应由专业的发电机修理商或制造商修理。

第二节 风力发电机组的其他电气设备

一、变频器

为了使风力发电机适应风速的特点,变转速运行,始终输出用户要求的工频交流电,就需要变频器这一功率电子装置,把不同频率的电力系统连接起来。变频器包含功率开关管,如绝缘栅双极晶体管 IGBT,其特点是具有高达 10kHz 的开关频率。

变频器的两种典型结构是电压源变频器和电流源变频器。目前风力发电机组最常用的是电压源变频器。主要区别是中间储能装置,电流源变频器的中间储能装置是大电感,电压源变频器的中间储能装置是电容。

下边以最为常用的交-直-交型电压源变频器为例,来简单介绍变频器的基本原理和基本结构。

交流电有三个反映其特征的参数:振幅、频率和相位。如果变换前后交流电的频率不变,只是电压的幅度发生变化,叫作交流调压器,如果变换前后频率发生了变化,叫作变频。可以完成变换频率任务的电气设备即是变频器。

如图 7-6 所示的交-直-交型电压源变频器的基本结构如下。

整流器——将来自风力发电机的交流电变换为直流电。

滤波器——抑制电压波动,缓冲和平滑直流电压。

逆变器——将直流电变换为频率可调的三相交流电。一般为电网频率 50Hz。

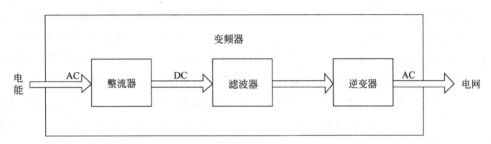

图 7-6 交-直-交型变频器的基本结构

二、整流器

整流电路分为可控整流电路和不可控整流电路两种。不可控整流电路由功率二极管组成。对于三相变频器,一般采用三相桥式结构,如图 7-7 所示。整流输出的直流电压与电源电压成正比,如果电源相电压有效值为 U_2,则输出直流电压(或输出电压平均值)为 $2.34U_2$,随电源电压变化,不能随意调节。不可控整流电路简单,另一优点是输入电流和电源电压基本可保持同相位。但是整流器的输出端如果接电容滤波,输入电流不是正弦波,有较大的畸变,所以功率因数不为 1。

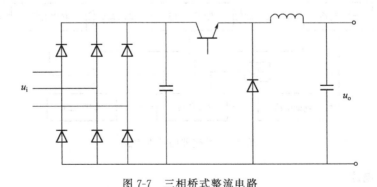

图 7-7 三相桥式整流电路

三、变频器中的中间环节

无论是哪种形式的整流电路,其输出电压和电流如果不加处理都有一定的波动,必须对其进行滤波才能提供给逆变器使用。对整流输出的滤波是中间环节的一个重要任务。滤波元件可以是电容,也可以是电感,在整流电路的输出端并联电容进行滤波,使逆变器的输入相当于接一个电压源,这种变频器因此叫作电压源型变频器。如果在整流电路的输出端串联电感滤波,逆变器输入端相当于接电流源,变频器也因之叫作电流源型。

四、逆变器

实现将直流电(DC)变换成交流电(AC)的装置称为逆变器。逆变技术是建立在电力电子、半导体材料与器件、现代控制、脉宽调制(PWM)等技术学科之上的综合技术。

用于风力发电的逆变器输出交流电的频率为 50Hz。若按其主电路形式分类,可分为单端式(含正激式和反激式)逆变器、推挽式逆变器、半桥式逆变器和全桥式逆变器。按逆变器主开关器件的类型分类,可分为晶闸管(也称可控硅 SCR)逆变器、大功率晶体管(GTR)逆变器、可关断晶闸管(GTO)逆变器、功率场效应晶体管(VMOSFET)逆变器、绝缘栅双极晶体管(IGBT)逆变器和 MOS 控制晶体管(MCT)逆变器等。按逆变器稳定输出的参量分类,可分为电压型逆变器和电流型逆变器。按逆变器输出交流电的波形分类,可分为正弦波逆变器和非正弦逆变器(方波、阶梯波、准方波等)。按逆变器相数分类,可分为单相逆变器、三相逆变器和多相逆变器。若按控制方式分类,则可分为调频式(PFM)逆变器和脉宽调制式(PWM)逆变器。

典型的 DC/AC 逆变器主要由主开关半导体功率集成器件和逆变电路两大部分组成。其中,半导体功率集成器件从普通晶闸管到可关断晶闸管、大功率晶体管、功率场效应晶体管等,直到 MOS 控制晶闸管以及智能型功率模块(IPM)等大功率器件的出现,使可供逆变器使用的电力电子开关器件形成一个趋向高频化、节能化、全控化、集成化和多功能化的发展轨迹。

逆变开关电路则是逆变器的核心,简称为逆变电路。它通过半导体开关器件的导通与关断,完成逆变的功能。完整的逆变电路如图 7-8 所示,它由主逆变电路、输入电路、输出电路、控制电路、辅助电路和保护电路等组成。

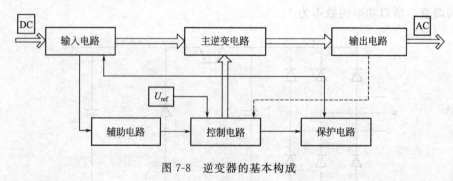

图 7-8 逆变器的基本构成

1. 主逆变电路

如前所述,主逆变电路由半导体开关器件组成,分为隔离式和非隔离式两大类。变频器、能量回馈等都是非隔离式逆变电路,而 UPS、通信基础开关电流等则是隔离式逆变电路。无论是隔离式还是非隔离式主逆变电路,基本上都是由升压和降压两种电路不同拓扑形式组合而成,这些电路既可以组成单相逆变器,也可以组合成三相逆变器。

2. 输入电路

输入电路为主逆变电路提供可确保其正常工作的直流电压。

3. 输出电路

输出电路对主逆变电路输出的交流电的质量和参数（包括波形、频率、电压、电流幅值以及相位等）进行调节，使之满足用户要求。

4. 控制电路

控制电路为主逆变电路提供一系列控制脉冲，用以控制逆变开关管的导通和关断，配合主逆变电路完成逆变功能。

5. 辅助电路

辅助电路将输入电压转换成适合控制电路工作的直流电压。它还包括了多种检测电路。

6. 保护电路

保护电路提供输入电压过高过低保护、输出电压超限保护、过载保护、短路保护及过热保护等。

逆变器运用于风力发电，使风力机可变速运行，减小了风力机整体结构的载荷，避免了功率的波动，可使风轮在部分负荷范围内也总是在最佳的功率系数值下运行。

其缺点是：有谐波出现，需滤波；需消耗功率，引起电力系统的效率损失，特别是当系统处于部分负荷情形下时更为显著；逆变器价格较贵，也增加了维护费用，这就需要根据其寿命年限以回收多得的风能来平衡。

综上所述，有了变频器，位于其上游的发电机频率可以和下游电网、用户需求的交流电频率不一致，发电机可变速运行，甚至可以低转速工作，与风力机直连，不再需要增速齿轮箱。变频器还可代替软启动器和电容器，以利于异步发电机的并网，并有效控制有功功率和无功功率，提高电网的稳定性。

第八章 机组控制系统

风力发电机组工作的安全可靠，完全依赖于机组控制系统的完备性与可靠性。风力发电机组的控制系统的好坏已成为风力发电系统能否发挥作用，甚至成为风电场长期安全可靠运行的重大问题。在实际应用过程中，尤其是一般风力发电机组控制与检测系统中，控制系统满足用户提出的功能上的要求是不困难的。往往不是控制系统功能而是它的可靠性直接影响风力发电机组的声誉。有的风力发电机组控制系统功能很强，但由于工作不可靠，经常出故障，而出现故障后对一般用户来说维修又十分困难，于是这样一套控制系统可能发挥不了它应有的作用，造成不应有的损失。因此，对于一个风力发电机组控制系统的设计和使用者来说，控制系统的可靠性、完备性与安全性必须要认真加以考虑，必须引起足够的重视。

控制系统的作用是使风力发电机组系统在正常运行时不出故障或少出故障，并且在出故障之后能够以最快的速度修复系统，使之恢复正常工作。

第一节 控制系统简介

我国风电场运行的机组多数以定桨距失速型机组为主。所谓失速型风力发电机组就是当风速超过风力发电机组额定风速以上时，为确保风力发电机组功率输出不再增加，导致风力发电机组过载，通过空气动力学的失速特性，使叶片发生失速，从而控制风力发电机组的功率输出。所以，定桨距失速型风力发电机组控制系统控制思想和控制原则以安全运行为主，功率控制由叶片的失速特性来完成。风力发电机组的正常运行及安全性取决于先进的控制策略和优越的保护功能。

控制系统应以主动或被动的方式控制机组的运行,使系统运行在安全允许的规定范围内,且各项参数保持在正常工作范围内。控制系统可以控制的功能和参数包括功率极限、风轮转速、电气负载的连接、启动及停机过程、电网或负载丢失时的停机、扭缆限制、机舱对风、运行时电量和温度参数的限制。

如风力发电机组的工作风速是采用 BIN 法计算 10min 平均风速,确定小风脱网风速和大风切出风速,每个参数极限控制均采用回差法,上行点和下行点不同,视实际运行情况而定。

变桨距风力发电机组与定桨距恒速型风力发电机组控制方法略有不同,即功率调节方式不同,它采用变桨距方式改变风轮能量的捕获,从而使风力发电机组的输出功率发生变化,最终达到限制功率输出的目的。

保护环节以失效保护为原则进行设计,当内部或外部发生故障,甚至出现危险情况引起机组不能正常运行时,系统安全保护装置动作,保护风力发电机组处于安全状态。

在下列情况下系统自动执行保护功能:超速、发电机过载和故障、机组过振动、电网或负载丢失、脱网时的停机失败等。保护环节为多级安全链互锁。此外,系统还设计了防雷装置,对主电路和控制电路分别进行防雷保护。控制线路中每一电源和信号输入端均设有防高压元件,主控柜设有良好的接地并提供简单而有效的疏雷通道。图 8-1 所示为风力发电机组塔底控制柜。

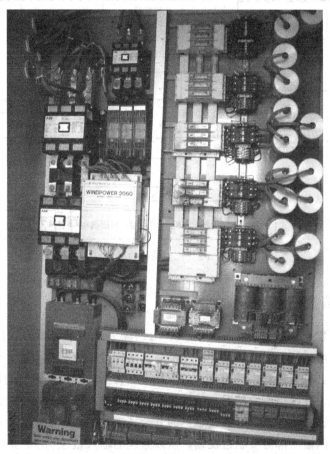

图 8-1 风力发电机组塔底控制柜

第二节 风力发电机组控制系统的组成

下面以定桨距双速发电机型机组控制系统的组成为例介绍控制系统的组成。

对于变桨距风力发电机组,只是发电机软切入控制略有区别。控制系统由微机控制器(包括监控显示运行控制器、并网控制器、发电机功率控制器)、运行状态数据监测系统、控制输出驱动电路模板(输出伺服电动机、液压伺服机构、机电切换装置)等系统组成,如图 8-2 所示,主要有空气断路器,控制切换接触器,过电流、过电压及避雷保护器件,电流、电压及温度的变换电路,发电机并网控制装置,偏航控制系统,相位补偿系统,停机制动控制装置等。传感信号主要由信号接口电路完成,它们向计算机控制器提供电气隔离标准信号。这些信号有模拟量 20 点、开关量 60 多点、频率量 10 多点,信号的电压和电流范围一般为工业标准信号。

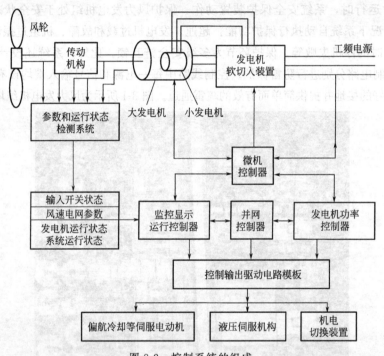

图 8-2 控制系统的组成

一、控制系统输入信号

系统监测的参数有三相电压、三相电流、电网频率、功率因数、输出功率、发电机转速、风轮转速、发电机绕组温度、齿轮箱油温、环境温度、控制板温度、机械制动闸片磨损及温度、电缆扭绞、机舱振动、风速仪和风向标等。为了得到系统运行的情况,系统还需监测各接触器的开关、液压阀压力状况、偏航运作和按键输入等情况。而控制系统输出控制的是并网晶闸管触发、相位补偿、旁路接触器的开合、空气断路器的开合、空气制动、机械制动和偏航。这些控制输出都需要状态反馈,所以系统的输入量包括 20 多点模拟量、10 点频率量、60 多点开关量。模拟输入量有发电机和电网的三相电压、三相电流和发电机绕组温度、齿轮箱油温、环境温度、传动机构等旋转机构的热升温度;频率输入量有风轮转速、发电机转速、风速仪、风向标、偏航正反向计数、扭缆正反向计数等;开关输入量主要有按键信号 16 个、制动闸片磨损、制动闸片热、风向标 0°、风向标 90°、偏航顺时针传感、偏航逆时针传感、机舱振动、偏航电动机过载、旁路接触器状态、风轮液压压力信号(风轮转速过高时出现)、机械制动液压压力高、机械制动液压压力低、外部错误信号等。

风力发电机组的 PLC 控制单元和机舱控制柜实物图如图 8-3 和图 8-4 所示。

图 8-3 风力发电机组的 PLC 控制单元

图 8-4 风力发电机组的机舱控制柜

二、控制系统输出信号

系统的控制输出主要是控制各电磁阀、接触器线圈、空气断路器的开合输出。电磁阀和接触器侧的开合则与发电动机的并网、偏航电动机（顺时针和逆时针）的动作、相位补偿的三步投切、空气制动及机械制动系统的动作等有关。还有系统的软并网和软脱网控制。此外，对变桨距风力发电机组，还要求根据风速变化调节变桨距控制输出。

第三节 控制系统的控制内容

一、风力发电机组的控制目标

风力发电机组是实现由风能到机械能和由机械能到电能两个能量转换过程的装置，风轮系统实现了从风能到机械能的能量转换，发电机和控制系统则实现了从机械能到电能的能量转换过程。在考虑风力发电机组控制系统的控制目标时，应结合它们的运行方式，重点实现以下控制目标。

① 控制系统保持风力发电机组安全可靠运行，同时高质量地将不断变化的风能转化为频率、电压恒定的交流电送入电网。

② 控制系统采用计算机控制技术实现对风力发电机组的运行参数、状态监控显示及故障处理，完成机组的最佳运行状态管理和控制。

③ 利用计算机智能控制实现机组的功率优化控制。定桨距恒速机组主要进行软切入、软切出及功率因数补偿控制，变桨距风力发电机组主要进行最佳尖速比和额定风速以上的恒功率控制。

④ 大于开机风速并且转速达到并网转速的条件下，风力发电机组能软切入自动并网，保证电流冲击小于额定电流。当风速在 4～7m/s 之间，切入小发电机组（小于 300kW）并网运行；当风速在 7～30m/s 之间，切入大发电机组（大于 500kW）并网运行。

二、正常运行的控制内容

1. 开机并网控制

当 10min 平均风速在系统工作区域内，机械闸松开，叶尖复位，风力作用于风轮旋转平面上，风力发电机组慢慢启动。当发电机转速大于 20% 的额定转速持续 5min，转速仍达不到 60% 额定转速，发电机进入电网软拖动状态，软拖方式视机组型号而定。正常情况下，风力发电机组转速连续增高，不必软拖增速，当转速达到软切转速时，风力发电机组进入软切入状态；当转速升到发电机同步转速时，旁路主接触器动作，机组并入电网运行。

对于有大、小发电机的失速型风力发电机组，按风速范围和功率的大小，确定大、小电机的投入。大电机和小电机的发电工作转速不一致，通常为 1000r/min 和 1500r/min，在小电机脱网、大电机并网的切换过程中，要求严格控制，通常必须在几秒内完成控制。

2. 小风和逆功率脱网

小风和逆功率停机是将风力发电机组停在待风状态。当 10min 平均风速小于小风脱网风速或发电机输出功率负到一定值后，风力发电机组不允许长期在电网运行，必须脱网，处于自由状态,风力发电机组靠自身的摩擦阻力缓慢停机,进入待风状态。当风速再次上升,风力发电机组又可自动旋转起来,达到并网转速,风力发电机组又投入并网运行。

3. 普通故障脱网停机

机组运行时发生参数越限、状态异常等普通故障后,风力发电机组进入普通停机程序,机组投入气动刹车,软脱网,待低速轴转速低于一定值后,再抱机械闸。如果是由于内部因素产生的可恢复故障,计算机可自行处理,无需维护人员到现场,即可恢复正常开机。

4. 紧急故障脱网停机

当系统发生紧急故障,如风力发电机组发生飞车、超速、振动及负载丢失等故障时,风力发电机组进入紧急停机程序,机组投入气动刹车的同时执行90°偏航控制,机舱旋转偏离主风向,转速达到一定限制后脱网,低速轴转速小于一定转速后,抱机械闸。

5. 安全链动作停机

安全链动作停机指电控制系统软保护控制失败时,为安全起见所采取的硬性停机——叶尖气动刹车、机械刹车和脱网同时动作,风力发电机组在几秒内停下来。

6. 大风脱网控制

当风速10min平均值大于25m/s时,风力发电机组可能出现超速和过载,为了机组的安全,这时风力发电机组必须进行大风脱网停机。风力发电机组先投入气动刹车,同时偏航90°,等功率下降后脱网,20s后或者低速轴转速小于一定值时,抱机械闸,风力发电机组完全停止。当风速回到工作风速区后,风力发电机组开始恢复自动对风,待转速上升后,风力发电机组又重新开始自动并网运行。

7. 对风控制

风力发电机组在工作风速区时,应根据机舱的控制灵敏度,确定每次偏航的调整角度。用两种方法判定机舱与风向的偏离角度,根据偏离的程度和风向传感器的灵敏度,时刻调整机舱偏左和偏右的角度。

8. 偏转90°对风控制

风力发电机组在大风速或超转速工作时,为了风力发电机组的安全停机,必须降低风力发电机组的功率,释放风轮的能量。当10min平均风速大于25m/s或风力发电机组转速大于转速超速上限时,风力发电机组做偏转90°控制,同时投入气动刹车,脱网,转速降下来后,抱机械闸停机。在大风期间实行90°跟风控制,以保证机组大风期间的安全。

9. 功率调节

当风力发电机组在额定风速以上并网运行时,对于失速型风力发电机组,由于叶片的失速特性,发电机的功率不会超过额定功率的15%。一旦发生过载,必须脱网停机。对于变桨距风力发电机组,必须进行变桨距调节,减小风轮的捕风能力,以便达到调节功率的目的。通常桨距角的调节范围在$-2°\sim86°$。

10. 软切入控制

风力发电机组在进入电网运行时,必须进行软切入控制,当机组脱离电网运行时,也必须软脱网控制。利用软并网装置,可完成软切入/出的控制。通常软并网装置主要由大功率晶闸管和有关控制驱动电路组成。控制的目的就是通过不断监测机组的三相电流和发电机的运行状态，限制软切入装置通过控制主回路晶闸管的导通角，以控制发电机的端电压，达到限制启动电流的目的。在电机转速接近同步转速时，旁路接触器动作，将主回路晶闸管断开，软切入过程结束，软并网成功。通常限制软切入电流为额定电流的1.5倍。

三、风力发电机组的自动控制功能

并网型风力发电机组一般可以完成下列自动控制功能。

① 大风情况下，当风速达到停机风速时，风力发电机组应叶尖限速、脱网、抱液压机械闸、停机，而且在脱网同时，风力发电机组偏航90°。停机后待风速降低到大风开机风速时，风力发电机组又可自动并入电网运行。

② 为了避免小风时发生频繁开、停机现象，在并网后10min内不能按风速自动停机。同样，在小风自动脱网停机后，5min内不能软切并网。

③ 当风速小于停机风速时，为了避免风力发电机组长期逆功率运行，造成电网损耗，应自动脱网，使风力发电机组处于自由转动的待风状态。

④ 当风速大于开机风速，要求风力发电机组的偏航机构始终能自动跟风。跟风精度范围±15°。

⑤ 风力发电机组的液压机械闸在并网运行、开机和待风状态下，应该松开机械闸，其余状态下（大风停机、断电和故障等）均应抱闸。

⑥ 风力发电机组的叶尖闸除非在脱网瞬间、超速和断电时释放，起平稳刹车作用，其余时间（运行期间、正常和故障停机期间）均处于归位状态。

⑦ 在大风停机和超速停机的情况下，风力发电机组除了应该脱网、抱闸和甩叶尖闸停机外，还应该自动投入偏航控制，使风力发电机组的机舱轴心线与风向成一定的角度，增加风力发电机组脱网的安全度。待机舱转约90°后，机舱保持与风向偏90°跟风控制，跟风范围±15°。

⑧ 在电网中断、缺相和过电压的情况下，风力发电机组应停止运行，此时控制系统不能供电。如果正在运行时风力发电机组遇到这种情况，应能自动脱网和抱闸停机，此时偏航机构不会动作，风力发电机组的机械结构部分应能承受考验。

⑨ 风力发电机组塔架内的悬挂电缆只允许扭转2.5圈，系统已设计了正/反向扭缆计数器，超过时自动停机解缆，达到要求后再自动开机，恢复运行发电。

⑩ 风力发电机组应具有手动控制功能（包括远程遥控手操）。手动控制时"自动"功能应该解除；相反地，投入自动控制时，有些"手动"功能自动屏蔽。

⑪ 控制系统应该保证风力发电机组的所有监控参数在正常允许的范围内，一旦超过极限并出现危险情况，应能自动处理并安全停机。

四、控制系统工作流程

主开关合上后，风力发电机组控制器准备自动运作。首先系统初始化，检查控制程序、微控制器硬件和外设、传感器来的脉冲及比较所选的操作参数，备份系统工作表，接着就正式启动。启动的第1秒内，先检查电网，设置各个计数器、输出机构的初始工作状态及晶闸管的导通角。所有这些完成后，风力发电机组开始自动运行。用于风轮的叶尖本来是 90°，现在恢复为 0°，风轮开始转动。计算机开始时刻监测各个参数输入，判断是否可以并网，判断参数有否超过极限，执行偏航、相位补偿、机械制动或空气制动。其中相位补偿的作用在于使功率因数保持在 0.95～0.99 之间。其详细的控制系统工作原理流程框图如图 8-5 所示。

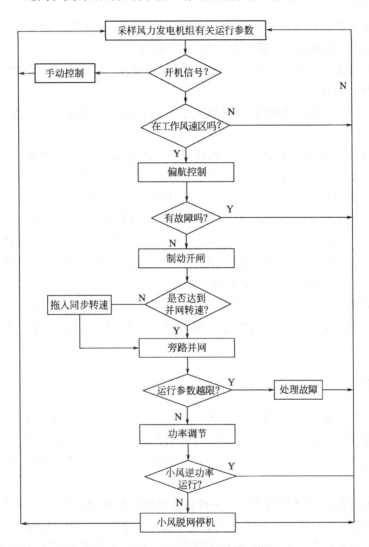

图 8-5　风力发电机组控制系统工作流程

第四节　风力发电机组的现场信号采集

一、电量信号

1. 电压、电流

测量信号范围宽，要求有较好的线性度；测量信号谐波丰富，频谱特性复杂；电压、电流信号为矢量信号,暂态反应速度应低于0.02s,精度高于0.5级。

2. 功率因数

影响风力发电机组发电量计量和补偿电容投入容量,要求较高精度。

3. 电网频率

一般在工频附近,精度要求±0.1Hz,反应速度快。一次电压、电流由PT、CT变换为可采样的交流信号,经滤波整形限幅后进行A/D转换。

以上数据信号采集点集中,数据流量大,采样速度高。风力发电机组的电压、电流的采样数据有以下两个用途。

① 在发电机或主回路元件故障及电网发生危及风力发电机运行的异常状态时,作为微机保护的判据。

② 作为风力发电机组发电量统计、性能评估、状态显示的重要参数,以及超功率和低功率时作为风力发电机组退出运行判据。同时,也作为就地电容补偿投切的重要判据。

风力发电机组继电保护属于低压电流、电压保护。根据风力发电机组与电网连接和运行的特点,电力故障的形式比较简单,输入信号的暂态分量不丰富,仅要求纯基频分量的输入信号,即可作为风力发电机组电力故障判据。同时,算法选择还需兼顾数据统计的需要,因而选择傅氏全波算法作为风力发电机组微机继电保护的算法。傅氏算法数据窗长度为20ms,计算量和采样频率对于单片机系统来说是一个需要妥善处理的问题,对IPC系统,则需要妥善处理数据流量分配的问题,可直接应用于低压网络的电压、电流后备保护,配备差分滤波器以削弱电流中衰减的直流分量作为电流速断保护,加速出口故障的切除时间。

二、温度信号

温度数据信号采集点相对集中,距离主控位置50m。器件热容量较大,反映到温度变化较慢,可采用铂电阻测量。温度参数可作为器件疲劳程度和风力发电机组运行效能的判据,而不宜作为突发故障的保护判据。温度统计对于故障分析和历史数据趋势分析有一定作用。

由PT100铂电阻对温度进行采样,采样信号经电路处理后形成0~5V电压。根据采样点空间布置和距离数据处理中心位置,在机舱上设计一个采集模块,就地将温度值转化为数字信号,模块采用RS-485通信方式把数据送给计算机。温度采集模块采用ICL7135芯片,其分辨率为十进制输出4.5位,可接受±50mV~±10V之间不同范围的电压信号,并在外界接口处加装DC 3000V的光耦合器隔离,保护采集模块免受高压或地线电流的冲击而损坏。测量控制盘温度的传感器位于电控柜,经电路处理后形成0~5V电压直接送至A/D转换板,由计算机分析判断晶闸管的温度状况。

三、风向

风力发电机组对风向的测量由风向标实现。风向瞬时波动频繁,幅度不大。风力发电机组为主动对风设计,当风向发生变化时,由偏航机构根据风向标信号带动机头随风转动,对风向的测量不要求具体位置。风力发电机组对风向的测量由风向标来完成。随着数字电路的发展，风向标的种类也有许多。其中一种内部带有一个 8 位的格雷码盘，当风向标随风转动时，同时也带动格雷码盘转动，由此得到不同的格雷码数，通过光电感应元件，形成一组 8 位的数字输入信号。格雷码盘将 360°划分成 256 个区，每个区分为 1.41°，所以其测量精度为 1.41°。这种风向标可以确定风向的具体位置。

另一种风向标如图 8-6 所示。风向标形成的信号为两个开关量，正向是 1 号传感器，为 0°轴，2 号传感器同 1 号传感器成 90°夹角，为 90°轴，这样形成一个带 4 个象限的虚拟坐标，如图 8-7 所示。当风向标转动后，就会同风力发电机组现在的方向形成夹角，而风力发电机组现在的方向必定会落在风向标所形成的坐标象限内，从而确定风力发电机组的偏航方向和停止偏航的标记。其中，0/1 表示传感器送来的信号在 0 和 1 之间不停地摆动，表示传感器送来的信号可以为 0 也可以为 1。

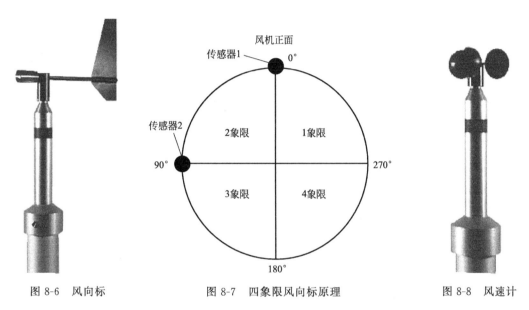

图 8-6　风向标　　　　图 8-7　四象限风向标原理　　　　图 8-8　风速计

四、风轮转速

风轮转速范围为 10～30r/min。根据现场空间布置，可采用霍尔元件将转速信号转换为窄脉冲；脉冲频率范围为 7～20Hz。通常工作在 10Hz 以上。叶片转速与电机转速相差一个固定变化，可以相互校验被测信号的可靠性。

风力发电机组转速的测量点有两个：发电机主轴转速和风轮转速。转速信号由霍尔传感器进行采样，经整形滤波后输入信号为频率信号，经光耦合器隔离后送至频率数字化模块。一般测频的方法有两种：一种通过计量单位时间内的脉冲个数获得；一种测量相邻脉冲的时间间隔，通过求倒数获得频率。对于频率较高的信号，采用前一种方法可以获得较高精度，对于频率较低的信号，采用后一种方法可以节省系统资源，获得较高精度。模块类型与测量风速的相同：模块采用 RS-485 通信方式把数据送至工控机，由计算机把频率信号转换成对应的转速，频率与转速的对应关系为线性的。风轮转速和发电机转速可以进行相互校验，风轮转速乘以 56.6 等于发电机转速，如果不符，表示两个转速信号的采集部分有故障，风力发电机组退出运行。转速测量，用于判断风力发电机组并网和脱网，还可用于判别超速条件,当风轮转速超过 30r/min 或电机转速超过 1575r/min 时,应停机。

五、风速

风速通过安装在机舱外的光电数字式风速计测得(图 8-8)。风速计送出的信号为频率值,经光耦合器隔离后送至频率数字化模块,模块可处理最大输入频率值为 6.8kHz。模块采用 485 通信方式把数据送给工控机,计算机把传送来的频率信号经平均后转换成风速。由于频率-风速的转换关系为非线性,在转换过程中采用了分段线性的方法进行处理。风速值可根据功率进行校验,当风速在 3m/s 以下,功率高于 150kW 持续 1min 时,或风速在 8m/s 以上,功率低于 100kW 持续 1min 时,表示风速计有故障。

第九章 机组系统安全与安全保护系统

安全生产是我国风电场管理的一项基本原则，而风电场则主要是由风力发电机组组成，所以风力发电机组的运行安全是风电场以至电力行业的大事，电力生产的不安全，将直接影响国民经济的发展和社会的正常生活秩序。特别是在社会和电气化设施不断向高消费型发展的时代，停电或用电质量低下，会造成生产产品质量下降，甚至会造成社会不安。

控制系统是风力发电机组的核心部件，是风力发电机组安全运行的根本保证，所以为了提高风力发电机组的运行安全性，必须从控制系统的安全性和可靠性设计开始，根据风力发电机组控制系统的发电、输电、运行控制等不同环节的特点，在设备从安装到运行的全部过程中，切实把好安全质量关，不断寻找提高风力发电机组安全可靠性的途径和方法。

风力发电机组的安全生产是一项安全系统工程，而控制系统是风力发电机组的重要组成部分，它的安全系统构成整个安全系统的一部分，需要以系统论、信息论、控制论为基础，研究人、设备的生产管理，研究事故、预防事故。从系统的观点，纵向从设计、制造、安装、试验、运行、检修等方面进行全面分析，横向从元器件购买、工艺、规程、标准、组织和管理等全面分析，最后进行全面综合评价，目的是使风力发电系统各不安全因素减到最小，达到最佳安全生产状态。

第一节 系统安全

风力发电机组系统安全很大程度上取决于控制系统的安全性。控制系统的安全性包括系统的硬件安全性和软件安全性。硬件的安全性在很大程度取决于构成它的基本器件。

因此，努力提高和改善元器件的可靠性是安全性的保证。但是，只是从提高元器件的可靠性来满足系统对安全性越来越高的要求将是很困难的，即使可以做到，也要付出高昂的代价。不少先例已经表明，即便有了高可靠性的元器件，如果工艺不好、设计不合理，同样不能获得安全性高的硬件系统。因此，努力搞好系统的安全设计是提高系统可靠性的关键。

系统的安全性工作要贯穿在系统设计、制造、使用的全过程中，尤其是在进行系统设计时，要全面安排和考虑有关安全性的问题。系统设计是保证日后生产、使用中所达到的可靠性的主要步骤。

一、系统设计中的系统安全

在系统设计的每一步，除了考虑系统性能指标的实现外，同时要考虑有关安全可靠性的要求。在系统设计的开始阶段，对设计任务进行分析时，同时要对系统的安全可靠性要求、可靠性环境进行分析。

在制定和选择最佳方案时，要同时比较各个方案的可靠性，它们采取的措施、达到的指标和付出的代价，对它们的安全性做出相应的评估，以利于比较。

总体方案确定以后，再对系统逐步分解。由总体系统到分系统、到子系统、到部件直到元器件，对它们的安全可靠性进行分配和预估，进而决定各部件、各元器件的可靠性及其必须采取的可靠性措施。这样，就可以开始进行部件及电路板的设计。与此同时，也要考虑系统的软件设计及其应采取的必要的安全性手段。

在系统的硬件及软件调试完成之后，进入系统的试运行阶段。在这一阶段中，要对系统硬件、软件的工作情况进行详细的观察和记录，对出现的故障现象进行记录和分析，对那些在设计过程中考虑不周、方法不当的地方采取必要的补救措施。必要时，对那些明显影响安全性的部件或软件进行重新设计。

二、风力发电机组运行中的系统安全

风力发电机组的运行是一项复杂的操作，涉及的问题很多，如风速的变化、转速的变化、温度的变化、振动等，都直接威胁风力发电机组的安全运行。风力发电机组在启停过程中，机组各部件将受到剧烈的机械应力的变化，而对安全运行起决定因素的是风速变化引起的转速的变化。所以转速的控制是机组安全运行的关键。

在机组正常运行过程中，如果出现故障，需要对故障进行详细记录，定期提出报告并进行认真的分析，及时总结有关系统的工作情况，找出故障的原因，仔细判别故障是由硬件还是由软件引起的，是属于正常的元器件失效，还是由于设计上的疏忽。如果是由于设计上的错误，则应重新设计该部件，用新设计的部件来代替原先不合适的部件。若发现是软件上有错误，则必须认真加以修改并重新进行调试，并用改正的软件代替用户的旧软件。最后从系统设计到使用，完全实现控制系统的安全要求。

风力发电机组控制系统是风力发电机组安全运行的大脑指挥中心，控制系统的安全运行是机组安全运行的保证。通常风力发电机组运行所涉及的内容相当广泛，就运行工况而言，包括启动、停机、功率调节、变速控制和事故处理等方面的内容。

（一）控制系统安全运行的必备条件

① 风力发电机组开关出线侧相序必须与并网电网相序一致，电压标称值相等，三相电压平衡。

② 风力发电机组安全链系统硬件运行正常。

③ 调向系统处于正常状态，风速仪和风向标处于正常运行的状态。

④ 制动和控制系统液压装置的油压、油温和油位在规定范围内。

⑤ 齿轮箱油位和油温在正常范围。

⑥ 各项保护装置均在正常位置，且保护值均与批准设定的值相符。

⑦ 各控制电源处于接通位置。

⑧ 监控系统显示正常运行状态。

⑨ 在寒冷和潮湿地区，停止运行一个月以上的风力发电机组再投入运行前应检查绝缘，合格后才允许启动。

⑩ 经维修的风力发电机组控制系统再次投入启动前，应办理工作票终结手续。

（二）风力发电机组工作参数的安全运行范围

1. 风速

自然界风的变化是随机的、没有规律的。当风速在 3～25m/s 的规定工作范围时，只对风力发电机组的发电有影响，当风速变化率较大且风速超过 25m/s 以上时，则对机组的安全性产生威胁。

2. 转速

风力发电机组的风轮转速通常低于 40r/min，发电机的最高转速不超过额定转速的 20%，不同型号的机组数字不同。当风力发电机组超速时，对机组的安全性产生严重威胁。

3. 功率

在额定风速以下时，不做功率调节控制，只有在额定风速以上时，应做限制最大功率的控制。通常运行安全最大功率不允许超过设计值 20%。

4. 温度

运行中风力发电机组的各部件运转将会引起温升。通常控制器环境温度应为 0～30℃，齿轮箱油温小于 120℃，发电机温度小于 150℃，传动等环节温度小于 70℃。

5. 电压

发电电压允许的范围在设计值的 10%。当瞬间值超过额定值的 30% 时，视为系统故障。

6. 频率

机组的发电频率应限制在 50Hz±1Hz，否则视为系统故障。

7. 液压油压

机组的许多执行机构由液压执行机构完成，所以各液压站系统的压力必须监控，由压力开关设计额定值确定，通常低于 100MPa。

(三)系统的接地保护

① 配电设备接地。变压器、开关设备和互感器外壳、配电柜、控制保护盘、金属构架、防雷设施及电缆头等设备必须接地。

② 塔筒与地基接地装置,接地体应水平敷设。塔内和地基的角钢基础及支架要用截面25mm×4mm 的扁钢相连作接地干线,塔筒做一组,地基做一组,两者焊接相连,形成接地网。

③ 接地网形式以闭合型为好。当接地电阻不满足要求时,引入外部接地体。

④ 接地体的外缘应闭合,外缘各角要做成圆弧形,其半径不宜小于均压带间距的一半。埋设深度应不小于0.6m,并敷设水平均压带。

⑤ 变压器中线点的工作接地和保护地线,要分别与人工接地网连接。

⑥ 避雷线宜设单独的接地装置。

⑦ 整个接地网的接地电阻应小于4Ω。

⑧ 电缆线路的接地。当电缆绝缘损坏时,电缆的外皮、铠甲及接线头盒均可能带电,要求必须接地。

⑨ 如果电缆在地下敷设,两端都应接地。低压电缆除在潮湿的环境需接地外,其他正常环境不必接地。高压电缆任何情况都应接地。

图9-1所示为风力发电机组机舱接地电刷。

图 9-1 风力发电机组机舱接地电刷

三、控制系统的安全保护措施

1. 主电路保护

在变压器低压侧三相四线进线处设置低压配电低压断路器,以实现机组电气元件的维护操作安全和短路过载保护。该低压配电低压断路器还配有分动脱扣和辅动触点。发电机三相电缆线入口处也设有配电自动空气断路器,用来实现发电机的过电流、过载及短路保护。

2. 过电压、过电流保护

主电路计算机电源进线端、控制变压器进线端和有关伺服电动机进线端，均设置过电压、过电流保护措施。如整流电源、液压控制电源、稳压电源、控制电源一次侧、调向系统、液压系统、机械闸系统、补偿控制电容，都有相应的过电流、过电压保护控制装置。

3. 防雷设施及熔丝

主避雷器、熔丝以及合理可靠的接地线为系统主避雷保护，同时控制系统有专门设计的防雷保护装置。在计算机电源及直流电源变压器一次侧，所有信号的输入端均设有相应的瞬时超电压和过电流保护装置。图9-2所示为风力发电场内的避雷塔。

4. 热继电保护

运行的所有输出运转机构如发电机、电动机、各传动机构的过热、过载保护控制装置都需要热继电保护。

5. 接地保护

由于设备因绝缘破坏或其他原因可能出现引起危险电压的金属部分，均应实现保护接地。所有风力发电机组的零部件、传动装置、执行电动机、发电机、变压器、传感器、照明器具及其他电器的金属底座和外壳，电气设备的传动机构，塔架机舱配电装

图 9-2　风力发电场内的避雷塔

置的金属框架及金属门，配电、控制和保护用的盘（台、箱）的框架，交、直流电力电缆的接线盒和终端盒金属外壳及电缆的金属保护层和穿线的钢管，电流互感器和电压互感器的二次线圈，避雷器、保护间隙和电容器的底座，非金属护套信号线的1～2根屏蔽芯线，上述位置都要求保护接地。

四、控制系统安装和维护的技术要求

（一）一般安全守则

① 维修前机组必须完全停止下来，各维修工作按安全操作规程进行。
② 工作前检查所有维修用设备仪器，严禁使用不符合安全要求的设备和工具。
③ 各电气设备和线路的绝缘必须良好，非电工不准拆装电气设备和线路。
④ 严格按设计要求进行控制系统硬件和线路安装，全面进行安全检查。
⑤ 电压、电流、断流容量、操作次数、温度等运行参数应符合要求。
⑥ 设备安装好后，试运转合闸前，必须对设备及接线进行仔细检查，确认无问题时方可合闸。

⑦ 操作刀闸开关和电气分合开关时，必须戴绝缘手套，并要设专门人员监护。电动机、执行机构进行实验或试运行时，也应有专人负责监视，不得随意离开。如发现异常声音或气味时，应立即停止机器，切断电源，进行检查修理。

⑧ 安装电机时，必须检查绝缘电阻是否合格，转动是否灵活，零部件是否齐全，同时必须安装接地线。

⑨ 拖拉电缆应在停电情况下进行，若因工作需要不能停电时，应先检查电缆有无破裂之处，确认完好后，戴好绝缘手套才能拖拉。

⑩ 带熔断器的开关，其熔丝应与负载电流匹配。更换熔丝，必须先拉开刀开关。

⑪ 电气元件应垂直安装，一般倾斜不超过 5°。应使螺栓固定在支持物上，不得采用焊接。安装位置应便于操作。手柄与周围建筑物间应保持一定距离，不易被碰坏。

⑫ 低压电器的金属外壳或金属支架必须接地（或接零），电器的裸露部分应加防护罩，双头刀开关的分合闸位置上应有防止自动合闸的位置。

（二）运行前的检查和试验要求

① 控制器内是否清洁、无垢，所安装的电器的型号、规格是否与图纸相符，电气元件安装是否牢靠。

② 用手操作的刀开关、组合开关、断路器等，不应有卡住或用力过大的现象。

③ 刀开关、断路器、熔断器等各部分应接触良好。

④ 电器的辅助触点的通断是否可靠，断路器等主要电器的通断是否符合要求。

⑤ 二次回路的接线是否符合图纸要求，线段要有编号，接线应牢固、整齐。

⑥ 仪表与互感器的变比与接线极性是否正确。

⑦ 母线连接是否良好，其支持绝缘子、夹持件等附件是否牢固可靠。

⑧ 保护电器的整定值是否符合要求，熔断器的熔体规格是否正确，辅助电路各元件的节点是否符合要求。

⑨ 保护接地系统是否符合技术要求，并应有明显标记。表计和继电器等二次元件的动作是否准确无误。

⑩ 用欧姆表测量绝缘电阻值是否符合要求，并按要求做耐压试验。

（三）控制与安全系统运行的检查

① 保持柜内电气元件的干燥、清洁。

② 经常注意柜内电气元件的动作顺序是否正确、可靠。

③ 运行中特别注意柜中的开断元件及母线等是否有温升过高或过热、冒烟、异常的声音及不应有的放电等不正常现象，如发现异常，应及时停电检查，并排除故障，并避免事故的扩大。

④ 对断开、闭合次数较多的断路器，应定期检查主触点表面的烧损情况，并进行维修。断路器每经过一次断路电流，应及时对其主触点等部位进行检查修理。

⑤ 对主接触器，特别是动作频繁的系统，应及时检查主触点表面，当发现触点严重烧损时，应及时更换，不能继续使用。

⑥ 定期检查接触器、断路器等电器的辅助触点及电器的触点，确保接触良好。定期检

查电流继电器、时间继电器、速度继电器、压力继电器等整定值是否符合要求，并做定期整定，平时不应开盖检修。

⑦ 定期检查各部位接线是否牢靠及所有紧固件有无松动现象。

⑧ 定期检查装置的保护接地系统是否安全可靠。

⑨ 经常检查按钮、操作键是否操作灵活，其接触点是否良好。

第二节　风力发电机组安全保护系统

风力发电机组的安全保护系统一般由大风保护安全系统、雷电安全保护系统、电气安全保护系统、接地保护系统、微控制器抗干扰保护系统、紧急故障安全链保护系统等组成。这些系统相互之间的关系如图 9-3 所示，本节对这些系统做一些简单的介绍。

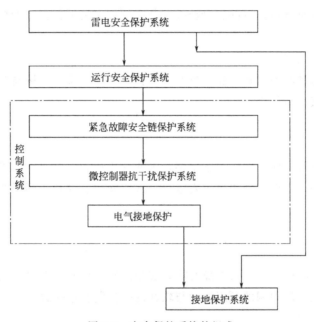

图 9-3　安全保护系统的组成

一、机组控制运行安全保护系统

（一）大风保护安全系统

机组设计有切入风速 V_g、停机风速 V_t，一般取 10min、25m/s 的风速为停机风速。由于此时风的能量很大，系统必须采取保护措施，在停机前对失速型风力发电机组，风轮叶片自动降低风能的捕获，风力发电机组的功率输出仍然保持在额定功率左右，而对于变桨距风力发电机组，必须调节叶片变距角，实现功率输出的调节，限制最大功率的输出，保证发电机运行安全。当大风停机时，机组必须按照安全程序停机。停机后，风力发电机组必须 90°对风控制。

（二）参数越限保护

风力发电机组运行中，有许多参数需要监控，不同机组运行的现场，规定越限参数值不同。温度参数由计算机采样值和实际情况计算确定上下限控制。压力参数的极限，采用压力继电器，根据工况要求，确定和调整越限设定值。继电器输入触点开关信号给计算机系统，控制系统自动辨别处理。电压和电流参数由电量传感器转换送入计算机控制系统，根据工况要求和安全技术要求，确定越限电流和电压控制的参数。

（三）电压保护

电压保护指对电气装置元件遭到的瞬间高压冲击所进行的保护。通常对控制系统交流电源进行隔离稳压保护，同时装置加高压瞬态吸收元件，提高控制系统的耐高压能力。

（四）电流保护

控制系统所有的电气电路（除安全链外）都必须加过流保护器，如熔丝、空气开关。

（五）振动保护

机组设有三级振动频率保护：振动球开关、振动频率上限1、振动频率极限2。当开关动作时，系统将分级进行处理。

（六）开机保护

设计机组开机正常顺序控制，对于定桨距失速异步风力发电机组，采取软切控制，限制并网时对电网的电冲击；对于同步风力发电机，采取同步、同相、同压并网控制，限制并网时的电流冲击。

（七）关机保护

风力发电机组在小风、大风及故障时需要安全停机。停机的顺序应先空气气动制动，然后软切除，脱网停机。软脱网的顺序控制与软并网的控制基本一致。

（八）紧急停机安全链保护

紧急停机是机组安全保护的有效屏障。当振动开关动作、转速超速、电网中断、机组部件突然损坏或火灾时，风力发电机组紧急停机，系统的安全链动作将有效地保护系统各环节工况安全，控制系统在3s左右将机组平稳停止。

二、电气接地保护系统

（一）接地的基本概念

1. 接地装置

电气设备的任何部分与土壤间做良好的电气连接，称为接地。与土壤直接接触的金属体称为接地棒，连接接地棒与电气设备之间的金属导线称为接地线，接地棒和接地体均称为接地装置。工作接地在正常情况或事故情况下，为了保证电气设备的安全运行，必须将电控系统一点进行接地，如把变压器的中心点接地，称为工作接地。

2. 保护接地

为了防止由于绝缘损坏而造成触电危险，把电气设备不带电的金属外壳用导线和接地装置相连接。控制板、电动机外壳接地，称为保护接地。

3. 接地的作用

① 保护接地的作用。电气设备的绝缘一旦击穿，可将其外壳对地电压限制在安全电压以内，防止人身触电事故。

② 保护接零的作用。电气设备的绝缘一旦击穿，会形成阻抗很小的短路回路，产生很大的短路电流，促使熔体在允许时间内切断故障电路，以免发生触电伤亡事故。

③ 工作接地的作用。降低人体的触电电压，迅速切断故障设备，降低电气设备和电力线路设计的绝缘水平。

4. 重复接地

在风电场中性点接地系统，中性点直接接地的低压线路，塔筒处（中性点）零线应重复接地；无专用零线或用金属外皮作零线的低压电缆应重复接地，电缆和架空线在引入建筑物处，如离接地点超过50m，应将零线接地。采用金属管配线时，应将金属管与零线连接后再重复接地；采用塑料管配线时，在管外应敷设界面不小于$10mm^2$的钢线与零线连接后再重复接地。每一重复接地电阻不超过10Ω，而电源（变压器）容量在100kV以下者，每一重复接地电阻不超过30Ω，但至少要有三处进行重复接地。

（二）机组接地保护装置

① 接地体分为人工接地体和自然接地体。接地装置应充分利用与大地有可靠连接的自然接地，即塔筒和地基。但为了可靠接地，可自行设计人工接地体与塔筒和地基相连，组成接地网，这样具有较好的防雷电和大电流、大电压的冲击效果。同时，必须安装绕线环和接地棒的接地设计装置，即接地保护装置。

② 人工接地体不应埋设在垃圾、炉渣和强烈腐蚀性土壤处，埋设时接地体深度不小于0.6m，垂直接地体长度应不小于2.5m，埋入后周围要用新土夯实。

③ 接地体连接应采用搭接焊，搭接长度为扁钢宽度的2倍，并由三个邻边施焊；为圆钢直径的6倍，并由两边施焊。接地体与接地线连接，应采用可拆卸的螺栓连接，以便测试电阻。

④ 当地下较深处的土壤电阻率较低时，可采用深井或深管式接地体，或在接地坑内填入化学降阻剂。

三、微控制器抗干扰保护系统

（一）抗干扰保护系统组成

抗干扰的基本原则是使微机控制系统或控制装置既不因外界电磁干扰的影响而误动作或

丧失功能，也不向外界发送过大的噪声干扰，以免影响其他系统或装置正常工作，所以设计时主要遵循下列原则。

① 抑制噪声源，直接消除干扰产生的原因。

② 切断电磁干扰的传递途径，或提高传递途径对电磁干扰的衰减作用，以消除噪声源和受扰设备之间的噪声耦合。

③ 加强受扰设备抵抗电磁干扰的能力，降低其噪声灵感度。

（二）抗干扰措施

① 进入微控制器的所有输入信号和输出信号均采用光隔离器，实现微机控制系统内部与外界完全的电气隔离。

② 控制系统的数字地和模拟地完全分开。

③ 控制器各功能板所有电源均采用DC-DC隔离电源。

④ 输入输出的信号线均采用带护套的抗干扰屏蔽线。

⑤ 微机控制器的系统电路板由带有屏蔽作用的铁盒封装，以防外界的电磁干扰。

⑥ 设计较好的接地系统。

（三）系统的抗干扰设计

在风力发电机组控制系统中，为了系统稳定可靠地工作，研究干扰对微控制器系统的影响及采取抗干扰措施是十分必要的。在风力发电机组控制系统或其他电子设备中，一个电路要减少干扰的影响，可以尽量减小干扰源产生的干扰强度；也可以切断或降低干扰耦合因素，使干扰强度尽量衰减；再就是采取各种措施，提高电子线路的抗干扰能力。

干扰源有的来自系统的外部，例如，工业电气设备的电火花，高压输电线上的放电，通信设备的电磁波。太阳辐射、雷电以及各大功率设备开关时发出的干扰均属于这类干扰。另一类干扰来自微机应用系统内部，例如，电源自身产生的干扰，电路中脉冲尖峰或自激振荡，电路之间通过分布电容的耦合产生的干扰，设备的机械振动产生的干扰，大的脉冲电流通过地线电阻、电源内阻造成的干扰等，均属这一类。知道干扰来源，就可在干扰源处采取措施，抑制其产生。这种措施有时是十分有效的。

四、多重保护安全系统

（一）安全系统硬件的实现

1. 主电路保护

在变压器低压侧三相四线进线处设置低压配电低压断路器，以实现机组电气元件的操作安全和短路过载保护。低压配电低压断路器配有分动脱扣和辅动触头。发电机三相电缆线入口处配空气断路器，实现发电机的过电流、过载及短路保护。同时，主电路和安全停机机构设有专用的安全联锁电路，一旦发生意外、火灾、供电中断事故，系统可自动安全停机。

2. 过电压、过电流保护

主电路计算机电源进线端、控制变压器进线端和所有输出伺服电动机进线端，均设置过电压、过电流保护继电器，一旦发生电压、电流超过规定值的情况，切断输出回路，对输出设备进行保护。整流电源、液压控制电源、稳压电源、控制电源、调向系统、液压系统、机械闸系统、补偿控制电容都有相应的过电流、过电压保护装置。

3. 瞬态保护

控制系统的所有输入信号和输出信号都设有瞬态高压保护器件，防止瞬间高压信号对接口电路的冲击。在计算机电源及直流电源变压器原端，所有信号的输入端均设有相应的瞬时超压和过电流保护装置。

4. 防雷保护系统

风力发电机组发电机输入线入口应设置防雷保护装置，同时机组有可能直接遭雷击，控制系统瞬间的感应雷必须采取措施屏蔽，合理可靠的接地线或设计专用疏雷通道，为系统主避雷保护。控制装置中设有避雷器，一旦有雷击发生时，自动合闸，将瞬态高压雷电输入大地。在运行中应尽量降低接地电阻来提高系统的耐雷水平。降低接地电阻的措施是加长接地体，更换电阻率小的接地导体，同时对接地土壤采用降阻剂来降低接地电阻。降阻剂是由专门工厂生产的无机化学复合材料，使用时加水将其搅拌成糊状，浇铸在接地体周围，再回填土，埋好接地导体。

（二）微机控制器软件的安全设计实现

计算机控制器的直流电源浮地，所有进入计算机的信号全部采用光隔离器，主计算机和从计算机的通信入口、机舱顶部传感器输入信号，均设计防雷装置，或采用光纤通信。

软件系统是构成风力发电机组控制系统的两大组成部分之一，在系统中扮演着极其重要的角色。风力发电机组控制系统的可靠性不仅与硬件系统有关，而且与软件系统有着密切的关系。软件的安全性设计即控制系统软件安全设计，就是利用计算机智能软件编制功能，完善控制系统的安全保护功能。实际控制系统中主要有机组故障判别和自动处理软件设计，控制系统编制软件对机组所有状态、参数的故障自动辨别和处理，使机组时刻处于安全状态。

1. 任务协调设计

风力发电机组控制为多任务系统，经常同时有几个任务工作。为防止发生冲突，特设计协调控制，使每一控制逻辑与实际状态对应互锁，防止执行相关任务时造成混乱。

2. 临界资源控制

风力发电机组控制中部分输出口属于临界资源，它们如果被多个任务同时控制，就可能造成故障或元器件的损坏。因此，在控制程序编制中，控制输出激励采用组合逻辑控制，布置所有临界资源只被一个任务控制。

3. 容错性设计

为防止用户误操作或某种原因引起软件运行错误，软件设计考虑容错性。在风力发电机组的任何工作状态下，非法操作都不被承认。

4. 软件权限设计

风力发电机组控制软件应有三层：最低层适应于现场值班人员使用，没有密码，允许查询风力发电机组状态显示、故障提示、故障记录、运行累计值等，可以控制风力发电机组启动、停机、偏航等；高一级的维护层给风力发电机组维护人员使用，需要输入密码，可用于修改风力发电机组运行参数；最高级是设计层，仅为设计人员使用，需要最高级密码，供设计人员修改程序使用。

（三）软件安全设计的方法

软件可靠性在很大程度上取决于设计人员的素质。为了提高软件的可靠性，具体可以从如下几个方面来考虑。

1. 认真仔细地进行规范设计

在进行软件设计的过程中，编制软件设计的规范是极其重要的。据有关文献介绍，规范错误占软件错误的一半以上，这足以说明编制规范有多么重要。这要求每个设计人员必须认真仔细地进行规范设计。如果还不太清楚要求及其细节，则有必要与用户进行进一步讨论与研究，甚至实地做一些必要的实验；对工艺过程进行仔细的观察与分析，以便提出符合实际的要求。

在提出规范之后，要与用户和其他设计人员进行仔细讨论，而后邀请有关专家进行评审，以便使规范更加合理。这一步工作一定要认真仔细并小心谨慎。需知，一旦规范错误，除了浪费人力、物力和时间外，还有可能造成更加严重的后果。

2. 使用好的程序设计方法

灵活地使用好的程序设计方法，编写思路清晰、概念分明的程序，可以减少错误的发生，模块程序、自上而下的程序设计及结构程序设计都是最常用的，而且为了设计好一款软件，经常将上述三种方法组合在一起，混合使用。分析问题是自上而下进行；具体实现采用模块化程序；在编程序过程中，运用一些结构程序的概念以及分支程序、子程序、宏指令等多种手段，编写出错误较少的程序。

3. 选择合适的程序设计语言

目前用于程序设计的语言有许多种，不同语言在编程的难易程度、程序效率、复杂程度、是否易于发现错误等方面是不一样的。选择合适的程序设计语言，可以使编程简单，少出现错误，易于查错和调试。工程上的风力发电机组控制系统中，研制系统软件经常采用高级语言、汇编语言混合编程。这样做可以充分发挥它们各自的优点而消除它们各自的缺点，获得高效率的软件，并减少软件设计中的错误。

4. 细心编程

在软件设计过程中，编程人员要认真、细心地编写程序，只有这样，才能避免那些不应发生的错误。在编程中，除了选择正确的程序设计方法外，还需要正确地使用高级语言的语句，正确使用汇编语言语句或指令系统，仔细地使用子程序、堆栈及中断系统。

5. 仔细测试

程序编好后，要对所编程序进行查错、测试和校验检查。

首先进行编译、汇编，以便找出语法、语义方面的错误。接着执行所编的程序以查出逻辑上的错误。例如，利用断点、跟踪、显示内部寄存器、显示内存区等方法，对程序进行查错。选择可能出现的测试数据，对软件进行全面测试。在测试过程中，可以采用各种测试方法。例如，"白箱"、"黑箱"、编写测试程序等方法均可采用。

6. 提高软件设计人员的素质

正如前面所提到的，软件错误在很大程度上来自设计人员，提高软件设计人员的素质是极为重要的。

软件设计人员素质的提高应包括两个方面：一方面是提高软件设计人员的技术素质，他们必须具备软件设计人员技术知识，具备各种必须掌握的软件设计知识；另一方面是软件设计人员必须具备良好的思想素质，他们应当具有顽强的意志、进取精神和严格、严肃、严密的工作作风。

7. 去除干扰

在软件设计中，尤其是风力发电机组控制系统用于检测控制的用户软件，与硬件联系十分紧密，而硬件又常会受到种种干扰。如果不考虑这些干扰，必然会使软件产生错误。这些干扰，除了在硬件设计中加以克服外，在软件设计中同样可以采取一定的措施，减少可能发生的错误。

8. 多使用

在软件研制中，研制的软件不可能没有错误。随着人为地不断查找、思索，再加上查错、测试、校验等手段，错误会愈来愈少。在交付使用的软件中，尤其是规模很大的复杂软件，很难保证它完全正确。因此，应用系统研制好后，应让它长时间试运行。在运行中不断记录发生的错误，进行认真仔细的分析，找出原因，加以改正。需知，软件错误改正一个就减少一个。只要经常使用，其错误不断暴露出来，最终会将所隐藏的错误加以改正。在使用过程中，要特别注意那些无规律的偶尔发生的故障，这需要仔细分析和鉴别，以便区别是系统本身确有错误，还是一种偶然的干扰。只有多使用，才能将那些不易发现的问题暴露出来，加以解决。

提高软件的可靠性，除了上面提到的那些措施外，还有一些其他方法。例如，采用固件代替 RAM 存储软件，其抗干扰能力必然提高，减少出错；采取软件容错手段，一旦发现有错，对系统（软件）进行重构，可达到提高可靠性的目的。

第十章 塔架与基础

第一节 塔 架

塔架和基础是风力发电机组的主要承载部件。其重要性随着风力发电机组的容量、高度增加，愈来愈明显。在风力发电机组中，塔架的重量占风力发电机组总重的1/2左右，其成本占风力发电机组制造成本的15%左右，由此可见塔架在风力发电机组设计与制造中的重要性。

近年来风力发电机组容量已达到2~3MW，风轮直径达80~100m，塔架高度达100m。

一、塔架的结构与类型

塔架主要分为桁架形和圆筒形，如图10-1和图10-2所示。桁架形塔架在早期风力发电机组中大量使用，其主要优点为制造简单、成本低、运输方便，但其主要缺点为不美观，通向塔顶的上下梯子不好安排，上下时安全性差。

在当前风力发电机组中大量采用圆筒形塔架，其优点是美观大方，上下塔架安全可靠。圆筒形塔架的内部如图10-3所示。

以结构材料分，塔架可分为钢结构塔架和钢筋混凝土塔架。

钢筋混凝土塔架在早期风力发电机组中大量被应用，如我国福建平潭55kW风力发电机组（1980年）、丹麦Tvid 2MW风力发电机组（1980年），后来由于风力发电机组大批量生产的需要而被钢结构塔架所取代。近年随着风力发电机组容量的增加，塔架的体积增大，使得塔架运输出现困难，有以钢筋混凝土塔架取代钢结构塔架的趋势。

图 10-1 桁架形塔架

图 10-2 圆筒形塔架

图 10-3 圆筒形塔架的内部

二、塔架的受力

塔架的主要功能是支撑风力发电机组的机舱部分（重力负载），风轮系统承受风的作用力而传递给塔架的力和风作用在塔架上的力（弯矩、推力及对塔架的扭力）。塔架还必须具有足够的疲劳强度，能承受风轮引起的振动载荷，包括启动和停机的周期性影响、突然的风况变化、塔影效应等。塔架的刚度要适度，其自振频率（弯曲及扭转）要避开运行频率（风轮旋转频率的 3 倍）的整数倍。

塔架自振频率高于运行频率的塔称为刚塔，低于运行频率的塔称为柔塔。

三、塔架设计需要注意的因素

① 塔架形状和尺寸的确定。塔架的结构形状与尺寸，取决于风力发电机组的安装地点及风载荷情况，同时结合设计人员的经验，并参考现有同类型塔架，初步拟定塔架的结构形状和尺寸。

② 强度、刚度和稳定性等方面的校核。常规计算是利用材料力学、弹性力学等固体力学理论和计算公式，对塔架进行强度、刚度和稳定性等方面的校核，而后修改设计，以满足设计要求。

③ 有限元静、动态分析、模型试验和优化设计。

④ 制造工艺性和经济性分析。由于风力发电机对环境的视觉有较大的影响，其体积大、高度高，所以要对塔架进行造型设计，以满足与环境的和谐统一。

⑤ 塔架的常用材料及表面防锈处理。在风力发电机组中塔架常用材料为 Q345C、Q345D，该材料具有韧性高、低温性能较好的优点，且有一定的耐蚀性。由于风力发电机组安装在荒野、高山、海岛，承受日晒雨淋，甚至沙尘和盐雾的腐蚀，所以其表面防锈处理十分重要。通常表面采用热镀锌、喷锌或喷漆处理。一般表面防锈处理要达到 20 年以上的寿命。

第二节　基　　础

一、基础的结构与类型

（一）以结构形式分类

风力发电机基础均为现浇钢筋混凝土独立基础。根据风电场场址工程地质条件和地基承载力以及基础载荷、尺寸大小不同，从结构的形式看，常用的可分为块状基础和框架式基础两种。

1. 块状基础

即实体重力式基础，应用广泛。对基础进行动力分析时，可以忽略基础的变形，并将基础作为刚性体来处理，而仅考虑地基的变形。按其结构剖面，又可分为倒"凹"形和"凸"形两种。前者如图 10-4 所示，基础整个为方形实体钢筋混凝土；后者如图 10-5 所示。后者与前者相比，均属实体基础，区别在于扩展的底座盘上回填土也成了基础重力的一部分，这样可省材料降低费用。

2. 框架式基础

框架式基础为桩基群与平面板梁的组合体，从单个桩基持力特性看，又分为摩擦桩基础和端承桩基础两种。桩上的载荷由桩侧摩擦力和桩端阻力共同承受的为摩擦桩基础；桩上载荷主要由桩端阻力承受的则为端承桩基础。

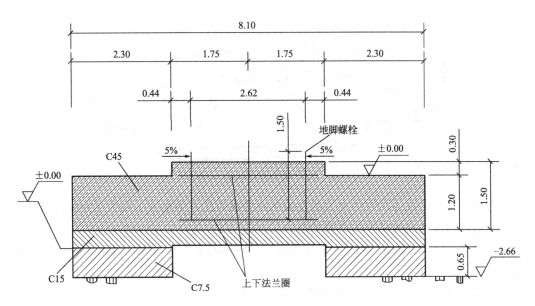

图 10-4 凹形基础（单位：m）

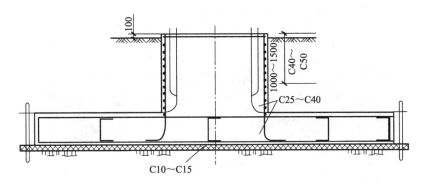

图 10-5 凸形基础（单位：mm）

（二）以连接方式分类

根据基础与塔架（机身）连接方式，又可分为地脚螺栓式和法兰式筒式两种类型基础。前者塔架用螺母与尼龙弹垫平垫固定在地脚螺栓上，后者塔架法兰与基础段法兰用螺栓对接。地脚螺栓式又分为单排螺栓、双排螺栓、单排螺栓带上下法兰圈等。

二、风力发电机组基础设计的前期准备工作及有关注意事项

风力发电机组的基础（图 10-6）用于安装、支撑风力发电机组，平衡风力发电机组在运行过程中所产生的各种载荷，以保证机组安全、稳定地运行。因此，在设计风力发电机组基础之前，必须对机组的安装现场进行工程地质勘察，充分了解、研究地基土层的成因及构造及它的物理力学性质等，从而对现场的工程地质条件作出正确的评价。这是进行风力发电机基础设计的先决条件。同时还必须注意到，由于风力发电机组的安装，将使地基中原有的

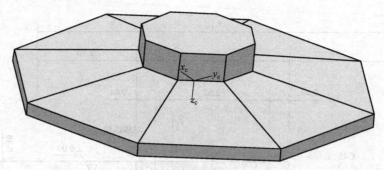

图 10-6 风力发电机组基础

应力状态发生变化,故还需应用力学的方法来研究载荷作用下地基土的变形和强度问题。

地基基础的设计满足以下两个基本条件。

① 要求作用于地基上的载荷不超过地基允许的承载能力,以保证地基在防止整体破坏方面有足够的安全储备。

② 控制基础的沉降,使其不超过地基允许的变形值,以保证风力发电机组不因地基的变形而损坏或影响机组的正常运行。

因此,风力发电机组基础设计的前期准备工作是保证机组正常运行必不可少的重要环节。图 10-7 所示为某施工中的风力发电机组基础。

图 10-7 施工中的风力发电机组基础

三、风力发电机组对基础的要求及基础的受力状况

图 10-8 所示为某风力发电机组。当风力发电机组运行时,机组除承受自身的重量 Q 外,还要承受由风轮产生的正压力 P、风载荷 q 以及机组调向时所产生的扭矩 M_n 等载荷的作用。这些载荷主要是靠基础予以平衡,以确保机组安全、稳定运行。

图 10-9 显示了上述这些载荷在基础上的作用状况,图中 Q 和 G 分别为机组及基础的自重。倾覆力矩 M 是由机组自重的偏心、风轮产生的正压力 P 以及风载荷 q 等因素所引起的合力矩。M_n 为机组调向时所产生的扭矩。剪力 F 则由风轮产生的正压力 P 以及风载荷 q 所引起。

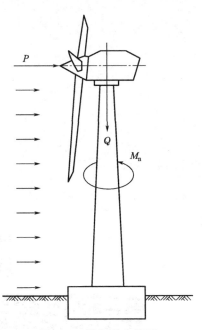

图 10-8 塔架受力简图

但在一般情况下,由于剪力 F 及风力发电机组在调向过程中所产生的扭矩 M_n 一般都不很大,且与其他载荷相比要小得多,所以在考虑到不影响计算效果的同时,又能满足工程要求的前提下,在实际计算中,此两项可以略去不计。因此在对风力发电机组基础的设计中,风力发电机组对基础所产生的载荷主要应考虑机组自重 Q 与倾覆力矩 M 两项。经上述简化后,风力发电机组基础的力学模型如图 10-10 所示。

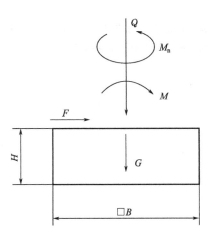

图 10-9 载荷在基础上的作用状况

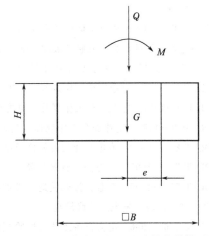

图 10-10 风力发电机组基础的力学模型

附录 某风电场检修规程

1 范围

本标准规定了本风电场所有设备检修的工作内容、基本要求及管理规则等。

本标准适用于本风电场的范围内。

2 引用标准

下列文件中的条款通过本标准的引用而成为本标准的条款。凡是注日期的引用文件，其随后的所有修改单（不包括勘误的内容）或修订版均不适用于本标准，然而，鼓励研究使用这些文件的最新版本。凡是不注日期的引用文件，其最新版本适用于本标准。

DL 408—1991 电业安全工作规程（发电厂和变电所电气部分）

DL 409—1991 电业安全工作规程（电力线路部分）

DL 4010—1991 电业安全工作规程（热力机械部分）

DL/T 838—2003 发电企业设备检修导则

DL/T 573—1995 电力变压器检修导则

DL/T 574—1995 有载分接开关运行维护导则

SD 230—1987 发电厂检修规程

DL/T 596—1996 电力设备预防性试验规程

GB 1094.1～1094.5 电力变压器

GB 1207—1997 电压互感器

GB 1208—1997 电流互感器

GB 2536 变压器油

GB/T 7595—2000 运行中变压器油质量标准

GB/T 7252—2001 变压器油中溶解气体分析和判断导则

GBJ 148—1990 电气装置安装工程电力变压器、油浸电抗器、互感器施工及验收规范

GB 50150—1991　电气装置安装工程　电气设备交接试验标准

GB/T 6451—1999　三相油浸电力变压器技术参数和要求

DL/T 596—1996　电力设备预防性试验规程

GB 14048.2—2001　低压开关设备和控制设备之低压断路器（有关部分）

GB 50171—1992　电气装置安装工程盘、柜及二次回路接线施工及验收规范

DL/T 687—1999　微机型防止电气误操作装置通用技术条件

Gamesa公司G58型风力发电机组出厂文件

3 总则

3.1 坚持"预防为主，计划检修，点检定修"和"安全第一，质量第一"的方针，切实贯彻"应修必修，修必修好"的原则，使设备处于良好的工作状态。

3.2 执行维护、检修计划，不得随意更改或取消，不得无故延期或漏检，切实做到按时实施。如遇特殊情况需变更计划，应提前报请上级主管部门批准。

3.3 风电场要做好以下检修管理的基础工作

3.3.1 搞好技术资料的管理，应收集和整理好原始资料，建立技术资料档案库及设备台账，明确各级职责，实行分级管理。

3.3.2 加强对检修工具、机具、仪器的管理，正确使用，加强保养和定期检验，并根据现场检修实际情况进行研制或改进。

3.3.3 搞好备品备件的管理工作。

3.3.4 建立和健全设备检修的费用管理。

3.3.5 严格执行各项技术监督制度。

3.4 严格执行分级验收制度，加强质量监督管理。

3.5 检修人员应熟悉系统和设备的构造、性能；熟悉设备的装配工艺、工序和质量标准；熟悉安全施工规程；能看懂图纸并绘制简单零部件图。

3.6 维护检修时，宜避开大风天气，雷雨天气严禁检修风电机组。

3.7 风电机组检修时，必须使风电机组处于停机状态。

3.8 维护检修中应使用生产厂家提供或指定的配件及主要损耗材料，若使用代用品，应有足够的依据或经生产厂家许可。部件更换的周期，参照生产厂家规定的时间执行。

3.9 遵守有关规定制度，爱护设备及维护检修机具。

3.10 每次维护检修后应做好各台风电机组的维护检修记录，并存档。对维护检修中发现的设备缺陷、故障隐患应详细记录并上报有关部门。

3.11 根据本规程和主管部门的有关规章制度，结合具体情况，应制定适合本风电场的实施细则或做出补充规定（制度），如检修质量标准、工艺方法、验收制度、设备缺陷管理制度、备品备件管理办法等。

4 基本要求

4.1 对检修人员的要求

4.1.1 风电场的检修人员必须经过岗位培训，考核合格，身体健康状况良好，符合上岗条件。

4.1.2 熟悉风力发电机组的工作原理及其基本结构。

4.1.3 熟悉风力发电机组故障信号及故障类型，掌握判断一般故障原因和处理方法。

4.1.4 具备必要的电气知识并熟悉《电业安全工作规程》（发电厂变电所电气部分、热力机械部分、电力线路部分）。

4.1.5 掌握风电场的各项规章制度。

4.1.6 具备一定的机械原理、液压原理知识。

4.1.7 掌握本规程。

4.2 检修工作的要求

4.2.1 风力发电机组的检修工作,要严格执行工作监护制度和工作票制度。检查、维护,应在手动"停机"、"维护"状态下进行。

4.2.2 检修人员登塔作业不许少于两人(不能同时登塔),登塔检修要使用安全带,戴好安全帽,穿安全防护鞋。

4.2.3 零配件及工具必须单独放在工具袋内,工具袋必须与安全绳连接牢固,以防坠落伤人。

4.2.4 机舱盖开启后,必须加以固定,以防翻倒伤人。

4.2.5 进入机舱工作,必须将机械闭锁装置锁紧,以防叶轮转动伤人。

4.2.6 使用机舱内吊车吊物品时,要确保塔下无人逗留,并要将机舱偏航与地面架空线路成90°,机舱尾部吊车远离线路一侧后方可使用。

4.2.7 检修人员在工作时,必须携带对讲机,保持与其他工作人员及主控室的联系。

5 技术规范

5.1 风力发电机组技术规范

5.1.1 发电机

类型:双馈式发电机,带绕线转子和滑差线圈。

额定功率:850kW(定子+转子)。

定子额定电压:690V。	定子额定电流:670A。
转子额定电压:480V。	转子额定电流:72A。
频率:50Hz。	极数:4极。
默认功率因数:1.0。	功率因数范围:$0.94_{CAP} \sim 0.94_{IND}$。
额定转速:1620r/min。	保护等级:IP54。
重量(大约):4500kg。	控制系统:Ingecon-W。

尺寸(大约):$1125 \times 1000 \times 2530 mm^3$。

制造商:Indar。

5.1.2 轮毂罩

尖-座距离:2700mm。	最大直径:2350mm。
座直径:2200mm。	
重量:220kg。	材料:玻璃纤维-聚酯树脂。

5.1.3 叶轮

直径:58m。	扫过面积:$2641 m^2$。
叶片数:3。	转速范围:14.6~30.8r/min。
转子定向:上风。	旋转方向:顺时针(从正面看)。
倾斜角度:6°。	叶片锥度:3°。

空气动力学制动:全顺桨。

5.1.4 叶片

原理:叶片外壳固定在内部支撑梁上。

材料:玻璃纤维增强的环氧树脂。

叶片连接:钢质根部插入。

机翼/螺旋桨(Airfoil):NACA63.XXX+FFA-W3。

弦(根/尖)[Chord (root/tip)]:2.3m/0.33m。

最大扭转(Max. Twist):16°。

长度:28.3m。	重量:约1900kg/片。

5.1.5 叶片轴承

类型：4点球轴承。

5.1.6 机舱外壳

尺寸：6590×2240×2850mm³。　　　　重量：1600kg。

材料：玻璃纤维-聚酯树脂。

5.1.7 叶轮轮毂

类型：球形。　　　　　　　　　　　材料：球磨铸铁。

材料规格：EN-GJS-400-18U-LT，EN1563 标准。

5.1.8 主轴

类型：锻轴。　　　　　　　　　　　材料：锻、淬火，回火钢。

材料规格：34CrNiMo6，EN10083-1 标准。

5.1.9 轴承箱

类型：铸铁轴承箱。　　　　　　　　材料：球磨铸铁。

材料规格：EN-GJS-400-18U-LT，EN1563 标准。

5.1.10 主轴承

类型：球形滚轴轴承

5.1.11 机器座

类型：复合钢板和铸钢结构。

5.1.12 偏航系统

类型：平面轴承系统，嵌入式摩擦。

材料：偏航环，EN-GJS-500-7U，EN1503 标准。

转向速度：0.42°/s（约每 15min 转一圈）。

平面轴承：PETP。

5.1.13 偏航齿轮

类型：行星/蜗轮结合，2级，行星/自锁蜗轮，1级。

电机：2.2kW，6极异步电机。

5.1.14 塔架

类型：主体圆锥筒状。　　　　　　　材料规格：非合金结构钢。

塔体：S235JR，EN10025 标准。　　　法兰：S355NL，EN10113-2 标准。

表面处理：刷漆。

腐蚀等级（外部/内部）：C5-M(ISO12944-2)/C3(ISO12944-2)。

塔顶部直径：2.162（平均）～2.170m（外部）。

塔底部直径：3.6m。

塔架各段的特性如表1所示。

表1　塔架各段的特性

各　段	长度/mm	底部外径/mm	顶部外径/mm	重量/kg
底段	18975	3620	3026	30300
中段	19170	3026	2440	24500
顶段	24448	2440	2170	18100

5.1.15 齿轮箱

类型：1级行星/2级斜齿。　　　　　　转速比：1∶61.74。

冷却系统：油泵，油冷却器，辅助油泵。　油加热器功率：1.5kW。

尺寸：1200×1500×1200mm³。　　　　重量：4000～5500kg。

5.1.16 偶合
主轴-齿轮箱：圆锥收缩盘。
齿轮箱-发电机：卡登柔性连接。

5.1.17 紧急制动
类型：碟式制动器。 直径：600mm。
材料：SJV300。

5.1.18 液压系统
泵容量：0.567～9.45L/min。 油量：60L。
最大压力：200bar。 制动压力：21.5bar。
电机：4kW，恒定速度。

5.1.19 风速仪
类型：Taco 信号，信号频率与风速成比例。

5.1.20 风向标
类型：两个光电传感器。

5.1.21 控制单元

1. 供电
频率：50Hz。 电压：交流 690V。
可锁线路断路开关：800A（定子），250A（转子）。
照明：交流 230V/10A。

2. 计算机
通信：CAN。
程序记忆：EPROM (Flash)。 编程语言：ST (IEC-1131)。
构造：模块插在前架上。 操作：数字键盘＋功能键。
显示：触摸终端，320～240 像素，5.7in。

3. 监控
发电机、有功、无功、转速、转向、环境温度、液压系统、变桨系统、电网数据、远程监控。

4. 信息
操作日期、操作日志、生产、报警日志。

5. 命令
运转/暂停、启动/停止、手动转向、维护试验。

6. 远程监控
可以连接串联通信。

7. 塔顶及地面控制柜
设计温度：塔顶 0～60℃，地面 0～35℃。
电缆的环境温度：-20～50℃。
保护等级：塔顶 IP-54，地面 IP-43。
尺寸：塔顶 1600×1350×465mm³，地面 1840×2300×540mm³。
重量：塔顶 275kg，地面 1000kg。
封闭形式：3mm 厚钢板（控制柜，基座），1.5mm 厚钢板（门）。
人员的保护措施：UNE60439，UNE60204。

8. 重量
塔架：73t。 机舱：23t。
转子：10t。 总重量：106t。

5.2 变压器技术规范
5.2.1 主变压器技术规范（见表2）

表2 主变压器技术规范

型 号	SZ10-MZ-31500/66		额定容量	31500kV·A
额定电压	(66±8×1.25%)/10.5kV		额定电流	276/1732A
连接组别	YNd11		相数	3
额定频率	50Hz		调压方式	有载调压
使用条件	户外		冷却方式	ONAN
空载损耗	21.3kW		负载损耗	107kW
空载电流	0.13%			
绝缘水平	h. v. 线路端子 LI/AC325/140kV		短路阻抗%	最大正分接
	h. v. 中性点端子 LI/AC325/140kV			额定分接
	l. v. 线路端子 LI/AC75/35kV			最大负分接
重 量	器身重	26710kg	油箱真空耐受能力	
	油重	13320kg	储油柜真空耐受能力	
	油箱及附件重	11200kg	产品代号	
	总 重	51230kg	出厂序号	
制造日期			生产厂家	

高 压 侧

指示位置	范围开关位置	选择开关连接	电压/V
1		X1—Y1—Z1	72600
2	XK—X+	X2—Y2—Z2	71775
3	YK—Y+	X3—Y3—Z3	70950
4	ZK—Z+	X4—Y4—Z4	70125
5		X5—Y5—Z5	69300
6		X6—Y6—Z6	68475
7		X7—Y7—Z7	67650
8		X8—Y8—Z8	66825
9		X9—Y9—Z9	66000
10		XK—YK—ZK	66000
11		X1—Y1—Z1	66000
12	XK—X−	X2—Y2—Z2	65175
13	YK—Y−	X3—Y3—Z3	64350
14	ZK—Z−	X4—Y4—Z4	63525
15		X5—Y5—Z5	62700
16		X6—Y6—Z6	61875
17		X7—Y7—Z7	61050
18		X8—Y8—Z8	60225
19		X9—Y9—Z9	59400

低 压 侧

电压	10500V	电流	1732A

5.2.2 主变压器分接头电动操作机构技术规范（见表3）

表3 主变压器分接头电动操作机构技术规范

编 号	V041381	日 期	
型 号	CMA9 10193W		
电 源	380V 50Hz 0.37kW		
重 量	70kg		
连接开关编号	V041381		
制造厂家			

5.2.3 所用变压器技术规范（见表4）

表4 所用变压器技术规范

型 号	DKSC-500-315/10	产品代号	1.710.500-315.10（GD）
额定容量	315kV·A	额定频率	50Hz
额定电压	10.5±2×2.5%/400V	额定电流	17.3/454.7A
连接组标号	ZNyn11	绝缘等级	F
冷却方式	AN	使用条件	户内式
总重量	1560kg	制造厂家	
绝缘水平	h.v. 线路端子和中性点端子 LI/AC		75/35kV
	l.v. 线路端子和中性点端子 LI/AC		/3kV

5.2.4 备用所用变压器技术规范（见表5）

表5 备用所用变压器技术规范

额定容量	315kV·A	规格型号	SCB9-315/10.5
额定电压	10500/400V	额定电流	17.32/454.66A
分接范围	(10500±2)×2.5%	额定频率	50Hz
相数	三相	联接组别	Yyn0
阻抗电压	3.81%	空载电流	1.03%
短路损耗	3492W	空载损耗	1048W
重量	1430kg	冷却方式	AN
出厂编号	2005W184	产品代号	1SW、720、609、7
出厂日期		制造厂商	

5.2.5 风力发电机箱式变压器技术规范（见表6）

表6 风力发电机箱式变压器技术规范

型 式	S11-900/11	额定容量	900kV·A
额定电压	(10.5±2)×2.5%/0.69kV	相数	3
频率	50Hz	调压方式	高压侧无励磁调压
联结组别	Dyn11	冷却方式	ONAN
阻抗电压	≥4.5%	空载损耗	≤1200W
负载损耗	≤9000W	绝缘液体	克拉玛依45号绝缘油
局部放电水平	在1.5倍最高相电压下,局部放电量＜1PC		
	在1.3倍最高相电压下,局部放电量 3PC		

风力发电机箱式变压器为波纹油箱全密封免维护节能型三相双绕组无励磁调压升压变压器。

5.3 开关技术规范

5.3.1 六氟化硫开关技术规范（见表7）

表7 高压六氟化硫开关技术规范

型号	LW9-72.5	额定雷电冲击耐压	350kV
额定电压	72.5kV	额定合闸电压	DC220V
额定电流	2500A	额定分闸电压	DC220V
额定频率	50Hz	额定操作顺序	分-0.3s-合分-3min-合分
额定短路开断电流	31.5kA	整机重量	1000kg
额定线路充电开断电流	10A	制造厂家	
出厂日期		额定气压(20℃)	0.4MPa
报警气压	0.36MPa	闭锁气压	0.32MPa

5.3.2 小车式开关技术规范（见表8）

表8 10kV开关技术规范

开关编号	011、021	012、022	013、023	101、102	100	1101～1210
额定电压	10kV	10kV	10kV	10kV	10kV	10kV
额定电流	100A	0.5A	1250A	2000A	2000A	1250A
额定频率	50Hz	50Hz	50Hz	50Hz	50Hz	50Hz
额定开断电流			31.5kA	31.5kA	31.5kA	31.5kA
额定动稳定电流	63kA	63kA	63kA	63kA	63kA	63kA
S热稳定电流	31.5kA	31.5kA	31.5kA	31.5kA	31.5kA	31.5kA
设备重量	800kg	800kg	900kg	900kg	900kg	900kg
防护等级	IP4X					
出厂日期						
制造厂家						

5.4 互感器技术规范

5.4.1 66kV电压互感器技术规范（见表9）

表9 66kV电压互感器技术规范

产品型号	JDCF-63W	额定频率	50Hz
额定一次电压	$66/\sqrt{3}$ kV	测量用二次电压	$100/\sqrt{3}$ V
保护用二次电压	$100/\sqrt{3}$ V	额定剩余绕组电压	$100/3$ V
准确级次	0.2/3P/3P	设备最高电压	72.5kV
装置种类	油浸户外式	相数	单相
出线端子标志	减极性	油重	90kg
额定电压因数	1.2倍连续、1.9倍8h	总重	530kg
生产厂家			

5.4.2 66kV电流互感器技术规范（见表10）

表10 66kV电流互感器

产品型号	LAB5-66	额定电压	66kV
额定频率	50Hz	额定电流比	2×300/5(2×400/5)
级次组合	P/P/0.2(0.5)	相　数	单相
装置种类	油浸户外式	出线端子标志	减极性
最大工作电压	72.5kV		

5.4.3 10kV电压互感器技术规范（见表11）

表11 10kV电压互感器

产品型号	REL-10	产品序号	041016～041018
额定一次电压	$10/\sqrt{3}$kV	准确级次	0.5/6P
额定二次电压	$0.1/\sqrt{3}$kV	标准代号	GB 1207
辅助二次电压	0.1/3kV	额定频率	50Hz
额定输出	30/50V·A	设备种类	户内装置
最大输出	200V·A	相　数	1

5.4.4 10kV电流互感器技术规范（见表12和表13）

表12 10kV电流互感器

产品型号	LZZBJ18-10	额定电流比	400/5
额定电压	10kV	额定频率	50Hz
级次组合	0.5/10P15	极性	减
额定输出	10/10V·A	设备种类	户内装置

表13 10kV电流互感器

产品型号	LZZBJ18-10	额定电流比	2000/5
额定电压	10kV	额定频率	50Hz
级次组合	0.2/0.5/10P15	极性	减
额定输出	20/20/20V·A	设备种类	户内装置

5.5 刀闸技术规范

5.5.1 66kV交流高压隔离开关技术规范（见表14）

表14 66kV交流高压隔离开关

型　号	GW5A-72.5D	4s热稳定电流		31.5kA
额定电压	72.5kV	额定雷击耐压	对地和相间	325kV
额定电流	1000A		断口间	380kV
单极重量	140kg	出厂日期		
		制造厂家		

5.5.2 电容器户外刀闸技术规范（见表15）

表15 电容器户外刀闸

型 号	GW1-10G630	额定电压	10kV
最高工作电压	11.5kV	额定电流	630A
4s热稳定电流	20kA	动稳定电流峰值	50kA
重量	21kg		
制造厂家			

5.5.3 箱式变压器熔断器隔离开关（见表16）

表16 箱式变压器熔断器隔离开关

名 称	熔断器隔离开关	额定电压	690V
额定电流	1000A	极限分断能力	30kA

5.6 避雷器技术规范（见表17）

表17 66kV避雷器参数

产品型号	YH5WZ-90/220	系统额定电压	66kV
避雷器额定电压	90kV	持续运行电压	72.5kV
标称电流下残压	≤220kV	直流1mA电压	131kV
0.75V,1mA电流	7μA	U_C下阻性电流	90μA
操作冲击残压	≤188kV	陡波冲击残压	≤253kV
2ms方波通流容量	400.6A	持续运行阻性电流	≤500μA

5.7 电容器技术规范（见表18）

表18 10kV并联电容器参数

型号规格	BAMK11/√3-3000-3W		相数	3
额定电压	11/√3kV		温度类别	−40/B
额定电流	157.5A		绝缘水平	42175
额定频率	50Hz		内部熔丝	
额定容量	3000kvar		每相组合	3并2串
接法	Y		油重	900kg
实测电容	1号	248.9	总重	2650kg
	2号	247.1	出厂日期	
制造厂家				

5.8 箱式变压器高压熔断器技术规范（见表19）

表19 箱式变压器高压熔断器

名 称		插入熔断器,后备保护熔断器	
型 号		额定电压	10kV
熔断额定电流	100A	最大开断电流	2.5kA(50kA)

6 检修周期、检修项目及质量标准

6.1 G58 风力机三个月检修项目及质量标准（见表 20）

表 20　G58 风力机三个月检修项目及质量标准

序号	名称	项目及质量标准
1	导板头	(1)检查导板支撑的螺栓连接,扭矩扳手设定为(450±45)N·m (2)外观检查
2	叶片	(1)检查叶片有无裂纹 (2)将裂纹标记
3	套管、叶片轴承	(1)抽查叶片轴承套管的 4 个螺栓,扭矩扳手设定为(824±80)N·m (2)抽查根节点和轴承之间的 6 个螺栓,扭矩扳手设定为(824±80)N·m
4	连接轴承体、横梁、活塞杆	(1)通过传送工具锁定横梁(扭矩扳手设定＞100N·m) (2)检查轴承体与横梁之间的 M12 螺栓(8 个中的 4 个),扭矩扳手设定为(95±9)N·m (3)检查轴体法兰上的 M10 螺栓(12 个中的 4 个),扭矩扳手设定为(95±9)N·m (4)检查滑动帘棍的 M36 螺母,检查轴承,扭矩扳手设定为(95±9)N·m (5)检查横梁的 M36 螺母,扭矩扳手设定为(1000±100)N·m (6)检查叶片梁的 M36 螺母,扭矩扳手设定为(300±30)N·m
5	螺矩系统、液压缸	检查液压缸和齿轮箱之间的 M16 螺栓,扭矩扳手设定为(264±26)N·m
6	主轴配置	检查转子与主轴之间的螺栓,扭矩扳手设定为(1948±195)N·m
7	扭矩系统	(1)检查活塞的 M24 螺栓 (2)检查上垫叉的 M16 螺栓,扭矩扳手设定为(264±26)N·m (3)检查减振器轴 (4)连接轴承检查
8	收缩盘	(1)检查螺栓的紧固力矩 (2)外部检查
9	齿轮箱	(1)泄漏检查 (2)油面检查(齿轮箱油 ISO VG320.251) (3)油状态检查 (4)磁性微粒检查 (5)油样 (6)更换油 (7)空气过滤器 (8)振动检查 (9)操作时噪声检查 (10)空隙检查 (11)内部检查 (12)轴承检查 (13)齿轮检查 (14)油漆检查 (15)定心 (16)检查齿轮箱输入轴与主轴轴瓦之间的空隙
10	制动器	(1)释放制动器回路 (2)测量制动块涂层的厚度 (3)检查卡规 (4)检查刹车盘状态 (5)检查刹车盘的厚度 (6)检查刹车盘的挠曲情况 (7)检查刹车时吊舱的振动情况 (8)释放制动器回路,油不可重新使用

续表

序号	名 称	项目及质量标准
11	齿轮箱油冷却器	(1)初始检查 (2)检查油过滤器 (3)泄漏检查 (4)检验恒温阀 (5)检验压力阀 (6)检验过滤器传感器 (7)检验机械泵 (8)检验辅助电动泵 (9)检查PT100 (10)检查中间冷却器
12	十字万向轴	(1)外观检查 (2)检查接头处的轴承是否有磨损 (3)检查接头处是否有泄漏 (4)润滑万向接头 (5)检查平衡环的M16螺栓,扭矩扳手设定为(264±26)N·m (6)抽取一个油脂样本,每个风力场一个平衡环 (7)更换平衡环轴承(每1700MW·h或5年) (8)对准检查
13	齿轮箱过滤器	(1)检查油过滤器,如果压力大于1.7bar就更换它,CJC过滤器 (2)检查过滤器电动泵
14	发电机	(1)紧固接线盒中的电缆转子(98±9)N·m,定子(98±9)N·m (2)轴承检查 (3)检查通风软管的支撑 (4)润滑前轴承,润滑油脂Beslux liplex H-1/2-S:90g (5)润滑后轴承,润滑油脂Beslux liplex H-1/2-S:90g (6)检查顶部动力杆的连接

15	液压机构	(1)油面检查
		(2)高压过滤器的污染(如输入输出之间的压力大于5bar,更换)
		(3)压差(M_1-M_2)
		   20℃ 1.8bar 25℃ 1.6bar 30℃ 1.4bar
		   35℃ 1.2bar 40℃ 1.0bar 45℃ 0.9bar
		   50℃ 0.8bar 55℃ 0.7bar 60℃ 0.6bar
		(4)检查泄漏
		(5)检查液压泵
		(6)检查溢流阀(220±5)N·m
		(7)检查差示压力计和维护屏幕(最大±4bar)
		(8)蓄压器的预加压压力
		(9)制动压力:50Hz,(23±0.5)bar
		(10)S202压力开关操作:50Hz,(19±1)bar
		(11)刹车蓄压器预加压压力:50Hz,(11±1)bar
		(12)S208压力开关操作:(10±1)bar

16	偏航轴承系统	检查径向间隙和滑块终点挡板的板螺钉,扭矩扳手设定为(264±26)N·m
17	塔筒	(1)检查基础部分与下段塔架零件之间的螺栓连接,(1472±150)N·m(无额外油) (2)检查下段与中段塔架之间的螺栓连接,(1472±150)N·m(无额外油) (3)检查中段与上段塔架之间的螺栓连接,(1472±150)N·m(无额外油) (4)检查上段塔架与偏航板之间的螺栓连接,(1472±150)N·m(有油) (5)检查梯子和楼梯平台的螺栓连接

续表

序号	名称	项目及质量标准
18	电缆外观检查	(1)电缆正常 (2)缚带正常 (3)检查接地系统电缆的紧固度 (4)检查环道螺栓,扭矩扳手设定为(180±18)N·m
19	功能检查	(1)检查紧急制动按钮:S933(主轴),S934(偏航板),S935(顶部控制器),S936(地面控制器) (2)风速 (3)环境和油的温度 (4)检查 S403 振动传感器 (5)检查风扇和加热器 (6)可控紧急制动触发 (7)检查电池 (8)由于 VOG 电池故障引起的紧急制动触发 (9)检查制动按钮的损坏情况

6.2　G58 风力机 6 个月检修项目及质量标准（见表 21）。

表 21　G58 风力机 6 个月检修项目及质量标准

序号	名称	项目及质量标准
1	导板头	(1)检查导板支撑的螺栓连接,扭矩扳手设定为(450±45)N·m (2)检查纤维和鼻环之间的螺栓连接 (3)检查导板支撑的焊接情况 (4)检查导板有无裂纹 (5)检查玻璃纤维的螺栓连接
2	叶片	(1)检查叶片有无裂纹 (2)将裂纹标记 (3)前续检查所发现缺陷的定位
3	套管、叶片轴承	(1)检查叶片轴承的外部唇式密封 (2)检查叶片轴承的内部唇式密封 (3)检查叶片轴承的运动情况 (4)在轴承和套管之间,每个叶片检查 4 个螺栓,扭矩扳手设定为(877±85)N·m (5)在根结头与轴承之间,每个叶片检查 6 个螺栓,扭矩扳手设定为(877±85)N·m (6)润滑叶片轴承。Shell 润滑油脂 14:660g(每个螺纹接口管 110g)
4	连接轴承体、横梁、活塞杆	(1)通过传送工具锁定横梁(扭矩扳手设定>100N·m) (2)检查螺纹空心轴 (3)检查抗转管的滑移面。SKF LGWM1 (4)润滑轴承室。SKF LGWM1:100g (5)润滑空心轴前架。SKF LGWM1:100g
5	螺矩系统、液压缸	检查液压缸有无泄漏或损坏
6	主轴配置	(1)检查主轴承的内部唇式密封 (2)润滑主轴承。SKF LGWM1:400g
7	扭矩臂系统	(1)检查活塞的 M24 螺栓,扭矩扳手设定为(858±86)N·m (2)检查上垫叉的 M16 螺栓,扭矩扳手设定为(264±26)N·m (3)检查减振器轴 (4)连接轴承检查

附录　某风电场检修规程

续表

序号	名　称	项目及质量标准
8	收缩盘	(1)检查螺栓的紧固力矩 (2)外部检查
9	齿轮箱	(1)泄漏检查 (2)油面检查(齿轮箱油 ISO VG320.251) (3)油状态检查 (4)磁性微粒检查 (5)油样 (6)更换油 (7)空气过滤器 (8)振动检查 (9)操作时噪声检查 (10)空隙检查 (11)内部检查 (12)轴承检查 (13)齿轮检查 (14)油漆检查 (15)定心 (16)检查齿轮箱输入轴与主轴轴瓦之间的空隙
10	制动器	(1)释放制动器回路 (2)测量制动块涂层的厚度 (3)检查卡规 (4)检查刹车盘状态 (5)检查刹车盘的厚度 (6)检查刹车盘的挠曲情况 (7)检查刹车时吊舱的振动情况 (8)释放制动器回路,油不可重新使用
11	齿轮箱油冷却器	(1)初始检查 (2)检查油过滤器 (3)泄漏检查 (4)检验恒温阀 (5)检验压力阀 (6)检验过滤器传感器 (7)检验机械泵 (8)检验辅助电动泵 (9)检查 PT100 (10)检查中间冷却器
12	十字万向轴	(1)外观检查 (2)检查接头处的轴承是否有磨损 (3)检查接头处是否有泄漏 (4)润滑万向接头 (5)检查平衡环的 M16 螺栓,扭矩扳手设定为(264±26)N·m (6)抽取一个油脂样本,每个风力场一个平衡环 (7)更换平衡环轴承(每 1700MW·h 或 5 年) (8)对准检查
13	齿轮箱过滤器	(1)检查油过滤器,如果压力大于 1.7bar 就更换它,CJC 过滤器 (2)检查过滤器电动泵

137

续表

序号	名称	项目及质量标准
14	发电机	(1)紧固接线盒中的电缆转子(98±9)N·m,定子(98±9)N·m (2)轴承检查 (3)检查通风软管的支撑 (4)润滑前轴承,润滑油脂 Beslux liplex H-1/2-S:90g (5)润滑后轴承,润滑油脂 Beslux liplex H-1/2-S:90g (6)检查顶部动力杆的连接

15	液压机构	(1)油面检查
		(2)高压过滤器的污染(如输入输出之间的压力大于5bar,更换)
		(3)压差(M_1-M_2)
		  20℃ 1.8bar 25℃ 1.6bar 30℃ 1.4bar
		  35℃ 1.2bar 40℃ 1.0bar 45℃ 0.9bar
		  50℃ 0.8bar 55℃ 0.7bar 60℃ 0.6bar
		(4)检查泄漏
		(5)检查液压泵(启动180bar,停止200bar)
		(6)检查溢流阀,(220±5)N·m
		(7)检查差示压力计和维护屏幕(最大±4bar)
		(8)蓄压器的预加压力(80±4)bar(20℃)
		(9)制动压力:50Hz,(23±0.5)bar
		(10) S202 压力开关操作:50Hz,(19±1)bar
		(11)刹车蓄压器预加压压力:50Hz,(11±1)bar
		(12) S208 压力开关操作:(10±1)bar

16	偏航齿轮	(1)检查较低的唇式密封是否有泄漏 (2)检查电机的 M16 螺栓,扭矩扳手设定为(264±26)N·m
17	偏航轴承系统	(1)检查径向间隙和滑块终点挡板的板螺钉,扭矩扳手设定为(264±26)N·m (2)通过滑板的两个管道进行润滑,Shell Stamuna HDS2:8×15g (3)使用薄的油脂润滑偏航顶的滑移面,Shell Stamuna HDS2 (4)使用刷子润滑偏航齿,Kluber grafloscona-A-G1:400g
18	风向标和风速仪	(1)检查风向标和塑料封壳 (2)垂直检查保持架 (3)检查风向标的半圆形 (4)检查风向标的旋转 (5)检查风速仪 (6)检查风速仪的旋转 (7)检查加热元件
19	吊舱罩	(1)检查安全门 (2)检查外部的车顶纵梁 (3)检查螺栓和光纤外壳的配合情况
20	塔筒	(1)检查基础部分与下段塔架零件之间的螺栓连接,(1472±150)N·m(无额外油) (2)检查下段与中段塔架之间的螺栓连接,(1472±150)N·m(无额外油) (3)检查中段与上段塔架之间的螺栓连接,(1472±150)N·m(无额外油) (4)检查上段塔架与偏航板之间的螺栓连接,(1472±150)N·m(有油) (5)检查梯子和楼梯平台的螺栓连接 (6)检查门框上焊接的有无缺陷 (7)检查基础部分与塔架底板的焊接情况 (8)检查塔的表面处理情况

续表

序号	名　称	项目及质量标准
21	电缆外观检查	(1)电缆正常 (2)缚带正常 (3)检查接地系统电缆的紧固度 (4)检查环道螺栓 M16,扭矩扳手设定为(164±16)N·m
22	功能检查	(1)检查紧急制动按钮:S933(主轴),S934(偏航板),S935(顶部控制器),S936(地面控制器) (2)风速 (3)环境和油的温度 (4)检查 S403 振动传感器 (5)检查风扇和加热器 (6)可控紧急制动触发 (7)检查电池 (8)由于 VOG 电池故障引起的紧急制动触发 (9)检查制动按钮的损坏情况

6.3　G58 风力机 12/18/24 个月检修项目及质量标准（见表 22）。

表 22　G58 风力机 12/18/24 个月检修项目及质量标准

序号	名　称	项目及质量标准
1	导板头	(1)检查导板支撑的螺栓连接,扭矩扳手设定为(450±45)N·m (2)检查纤维和鼻环之间的螺栓连接 (3)检查导板有无裂纹(进出) (4)检查玻璃纤维的螺栓连接
2	叶　片	(1)检查叶片有无裂纹 (2)将裂纹标记 (3)前续检查所发现缺陷的定位 (4)报告叶片的修理情况
3	套管、叶片轴承	(1)检查叶片轴承的外部唇式密封 (2)检查叶片轴承的内部唇式密封 (3)检查叶片轴承的运动情况 (4)在轴承和套管之间,每个叶片检查 4 个螺栓,扭矩扳手设定为(877±85)N·m (5)在根结头与轴承之间,每个叶片检查 6 个螺栓,扭矩扳手设定为(877±85)N·m (6)润滑叶片轴承。Shell 润滑油脂 14:660g(每个螺纹接口管 110g)
4	连接轴承体、横梁、活塞杆	(1)通过传送工具锁定横梁(扭矩扳手设定＞100N·m) (2)检查螺纹空心轴的表面 (3)检查抗转管的滑移面。SKF LHPT48spray (4)润滑轴承室。SKF LGWM1:100g (5)润滑空心轴架。SKF LGWM1:100g (6)检查空心轴与保持架滑动轴承之间的空隙,最大 0.5mm (7)检查滑动块和抗转管之间的空隙,最大 0.8mm (8)检查抗转管的空隙
5	螺矩系统、液压缸	(1)检查液压缸有无泄漏或损坏 (2)通过轴承箱检查螺纹杆
6	主轴配置	(1)检查主轴和套管之间的螺栓连接,扭矩扳手设定为(1948±145)N·m (2)检查主轴承的内部唇式密封 (3)润滑主轴承。SKF LGWM1:400g (4)检查主轴承室和底盘之间的 M36 螺栓,扭矩扳手设定为(2100±210)N·m

续表

序号	名称	项目及质量标准
7	扭矩臂系统	(1)检查活塞的 M24 螺栓,扭矩扳手设定为(858±86)N·m (2)检查上垫叉的 M16 螺栓,扭矩扳手设定为(264±26)N·m (3)检查减振器轴 (4)连接轴承检查
8	收缩盘	(1)检查螺栓的紧固力矩 (2)外部检查
9	齿轮箱	(1)泄漏检查 (2)油面检查(齿轮箱油 ISO VG320.251) (3)油状态检查 (4)磁性微粒检查 (5)油样 (6)更换油 (7)空气过滤器 (8)振动检查 (9)操作时噪声检查 (10)空隙检查 (11)内部检查 (12)轴承检查 (13)齿轮检查 (14)油漆检查 (15)定心 (16)检查齿轮箱输入轴与主轴轴瓦之间的空隙
10	制动器	(1)释放制动器回路 (2)测量制动块涂层的厚度 (3)检查卡规 (4)检查刹车盘状态 (5)检查刹车盘的厚度 (6)检查刹车盘的挠曲情况 (7)检查刹车时吊舱的振动情况 (8)释放制动器回路,油不可重新使用
11	齿轮箱油冷却器	(1)初始检查 (2)检查油过滤器 (3)泄漏检查 (4)检验恒温阀 (5)检验压力阀 (6)检验过滤器传感器 (7)检验机械泵 (8)检验辅助电动泵 (9)检查 PT100 (10)检查中间冷却器
12	十字万向轴	(1)外观检查 (2)检查接头处的轴承是否有磨损 (3)检查接头处是否有泄漏 (4)润滑万向接头 (5)检查平衡环的 M16 螺栓,扭矩扳手设定为(264±26)N·m (6)抽取一个油脂样本,每个风力场一个平衡环 (7)更换平衡环轴承(每 1700MW·h 或 5 年) (8)对准检查

续表

序号	名称	项目及质量标准
13	齿轮箱过滤器	(1)检查油过滤器,如果压力大于1.7bar就更换它,CJC过滤器 (2)检查过滤器电动泵
14	发电机	(1)紧固接线盒中的电缆转子(98 ± 9)N·m,定子(98 ± 9)N·m (2)轴承检查 (3)检查通风软管的支撑 (4)润滑前轴承,润滑油脂 Beslux liplex H-1/2-S:90g (5)润滑后轴承,润滑油脂 Beslux liplex H-1/2-S:90g (6)检查无声铰链 (7)检查顶部动力杆的连接

15	液压机构	(1)油面检查
		(2)高压过滤器的污染(如输入输出之间的压力大于5bar,更换)
		(3)压差(M_1-M_2)
		  20℃ 1.8bar 25℃ 1.6bar 30℃ 1.4bar
		  35℃ 1.2bar 40℃ 1.0bar 45℃ 0.9bar
		  50℃ 0.8bar 55℃ 0.7bar 60℃ 0.6bar
		(4)检查泄漏
		(5)检查液压泵,(启动180bar,停止200bar)
		(6)检查溢流阀(220 ± 5)N·m
		(7)检查差示压力计和维护屏幕(最大±4bar)
		(8)蓄压器的预加压压力80 ± 4bar(20℃)
		(9)制动压力:50Hz,(23 ± 0.5)bar
		(10) S202压力开关操作:50Hz,(19 ± 1)bar
		(11)刹车蓄压器预加压压力:50Hz,(11 ± 1)bar
		(12) S208压力开关操作:(10 ± 1)bar

16	偏航齿轮	(1)检查较低的唇式密封是否有泄漏 (2)检查电机的M16螺栓,扭矩扳手设定为(264 ± 26)N·m
17	偏航轴承系统	(1)检查径向滑动块的终点挡板(黄铜零件),Par:(213 ± 20)N·m (2)检查径向间隙(每年)和滑块终点挡板的板螺钉,扭矩扳手设定为(264 ± 26)N·m (3)通过滑板的两个管道进行润滑,Shell Stamuna HDS2:8×15g (4)使用薄的油脂润滑偏航顶的滑移面,Shell Stamuna HDS2 (5)使用刷子润滑偏航齿(薄层),Kluber grafloscona-A-G1:400g (6)根据 WI3070801 紧固 PEPT 盘的弹簧组
18	风向标和风速仪	(1)检查风向标和塑料封壳 (2)垂直检查保持架 (3)检查风向标的半圆形 (4)检查风向标的旋转 (5)检查风速仪 (6)检查风速仪的旋转 (7)检查加热元件
19	吊舱罩	(1)检查安全门框 (2)检查外部的车顶纵梁 (3)检查螺栓和光纤外壳的配合情况 (4)检查后门的关闭配合情况和它的合叶 (5)检查吊舱阻尼器的橡胶元件

续表

序号	名称	项目及质量标准
20	塔筒	(1)检查基础部分与下段塔架零件之间的螺栓连接,(1472±150)N·m(无额外油) (2)检查下段与中段塔架之间的螺栓连接,(1472±150)N·m(无额外油) (3)检查中段与上段塔架之间的螺栓连接,(1472±150)N·m(无额外油) (4)检查上段塔架与偏航板之间的螺栓连接,(477±50)N·m(有油) (5)检查梯子和楼梯平台的螺栓连接 (6)检查门框上焊接的有无缺陷 (7)检查基础部分与塔架底板的焊接情况 (8)检查塔的表面处理情况
21	电缆外观检查	(1)电缆正常 (2)缚带正常 (3)检查接地系统电缆的紧固度 (4)检查环道螺栓M16,扭矩扳手设定为(180±18)N·m
22	功能检查	(1)检查紧急制动按钮:S933(主轴),S934(偏航板),S935(顶部控制器),S936(地面控制器) (2)风速 (3)环境和油的温度 (4)检查S403振动传感器 (5)检查风扇和加热器 (6)可控紧急制动触发 (7)检查电池 (8)由于VOG电池故障引起的紧急制动触发 (9)检查制动按钮的损坏情况
23	基础	(1)从外观上检查混凝土基座的上面部分是否存在裂纹 (2)从外观上检查基础部分与混凝土基座之间是否存在空隙,看是否有氧化物
24	检修吊车	(1)检查吊钩　　　　(5)检查制动器 (2)检查吊车的链接　(6)检查电缆和连接 (3)链接的润滑　　　(7)通用检查 (4)控制检查

7 检修材料明细表

7.1 三个月检修材料明细(见表23)。

表23 三个月检修材料明细表

数量	名称	参考
25L*	TEXACO Meropa320	149094
1*	MAHL过滤器	PI582873-1
1*	CJC过滤器	HDU15/25
4*	径向滑板e10.3	P430051
4*	径向滑板e10.6	P430052
4*	径向滑板e11	P430053
3	中型法兰	115607
3	大型法兰	115607
1.5	Desengrasante	96185
4	纸	198001

续表

数 量	名 称	参 考
15	红涂油机	149497
3	垃圾袋	—
0.25	皮手套	—
1.5	硅酮	149752
1.5	Loctite	149773
0.5	卷筒	—
0.2	灰 tectil	149155

注：带 * 号的项表示可能但不确定的使用。

7.2 6个月检修材料明细（见表24）

表24　6个月检修材料明细

数 量	描 述	参 考
600g	润滑油脂 SKF LGWM1	149139
210g	润滑油脂 Beslux liplex H-1/2-S	9002601
400g	润滑油脂 Kliber grafloscona-A-G1 ultta	149187
250g	润滑油脂 Shell Stamina HDS2	1.094161
600g	润滑油脂 AeroShell grease 14(16kg)	149052
1	油腔滑调 SAE-90	4003601
25L*	齿轮箱油 ISO VG 320(换油时为150L)	EF372005
1*	MAHLE 润滑油	PI582873-1
1*	CJC 过滤器	HDU15/25
4*	径向滑板 e10.3	P430051
4*	径向滑板 e10.6	P430052
4*	径向滑板 e11	P430053
2	200ml 容器	4001801
0.4	液态 Teflon(1升)	4000001
50	乳胶手套	218150
15	小型法兰	115517
3	中型法兰	115507
3	大型法兰	115606
1.5	去油器	96185
4	纸张	198001
25	红涂油机	149497
4	垃圾袋	—
0.25	皮手套	—
1.5	硅酮	149752
1.5	Loctite	—
0.5	卷筒	—
0.2	灰 tectil	149155

注：带 * 号的项表示可能但不确定的使用。

7.3 12/18/24 个月检修材料明细（见表 25）

表 25　12/18/24 个月检修材料明细

数　量	描　述	参　考
600g	润滑油脂 SKFLGWM1	149139
210g	润滑油脂 Beslux liplex H-1/2-S	9002601
400g	润滑油脂 Kliber grafloscona-A-G1 ultta	149187
250g	润滑油脂 Shell Stamina HDS2	1.094161
660g	润滑油脂 AeroShell grease 14(16Kg)	149052
1	油腔滑调 SAE-90	4003601
25L*	齿轮箱油 ISO VG 320（换油时为 150L）	EF372005
1*	MAHLE 润滑油	PI582873-1
1*	CJC 过滤器	HDU15/25
4*	径向滑板 e10.3	P430051
4*	径向滑板 e10.6	P430052
4*	径向滑板 e11	P430053
4	200ml 容器	4001801
0.4	液态 Teflon(1L)	4000001
50	乳胶手套	218150
15	小型法兰	115517
3	大型法兰	115606
1.5	去油器	96185
—	纸张	198001
25	红涂油机	149497
4	垃圾袋	—
0.25	皮手套	—
1.5	硅酮	149752
1.5	Loctite	—
0.5	卷筒	—
0.2	灰 tectil	149155

注：带 * 号的项表示可能但不确定的使用。

7.4 加油与换油。

7.4.1　齿轮箱油每三个月、半年检查一次，如油位偏低，需加注同型号的齿轮油。

7.4.2　每两年需对齿轮油进行过滤，并采集油样进行化验，以决定是否提前或延时更换齿轮油。

7.4.3　每三年必须更换齿轮油。

7.4.4　液压站每三个月、半年检查一次，如油位偏低需加注同型号液压油。

7.4.5　液压油每两年必须更换一次。

7.4.6　发电机各轴承润滑油每六个月加注一次，每次 70g。

7.4.7　选择机油和润滑油参照 G58 风力机检修项目及质量标准表。

参 考 文 献

[1] 宫靖远．风电场工程技术手册．北京：机械工业出版社，2008．
[2] 郭新生．风能利用技术．北京：化学工业出版社，2007．
[3] 尹炼，刘文洲．风力发电．北京：中国电力出版社，2002．
[4] 陈伯时，陈敏逊．交流调速系统．北京：机械工业出版社，2000．
[5] 张源．风力发电．北京：机械工业出版社，2002．
[6] 叶杭冶．风力发电机组的控制技术．北京：机械工业出版社，2002．
[7] 苏绍禹．风力发电机设计及运行维护．北京：中国电力出版社，2003．
[8] 黎启柏．液压元件手册．北京：冶金工业出版社，2000．
[9] 王占林．近代电气液压伺服控制．北京：北京航空航天大学出版社，2005．
[10] 何道清．传感器与传感器技术．北京：科学出版社，2004．
[11] 王革华．新能源概论．北京：化学工业出版社，2006．
[12] 刘万馄，张志英，李银凤，赵萍．风能与风力发电技术．北京：化学工业出版社，2007．

参考文献

[1] 国家电网公司.电力安全工作规程.北京：中国电力出版社，2008.
[2] 劳动部.国家职业技能标准.北京：作家工业出版社，2002.
[3] 郭德惠.洪大瓦克成.成发.中国电力出版社，2005.
[4] 石树东，蔡振华.文高压高压电气工程.沈阳：机械工业出版社，2020.
[5] 张卫东，刘永芬.电气.机械工业出版社，2002.
[6] 李伟强.民力设备安装调试及技术.北京：清华工业出版社，2002.
[7] 黄福生.民力发电厂生产安全管理.北京：中国电力出版社，2003.
[8] 白俊.电机及控制技术.北京：冶金工业出版社，2002.
[9] 王志林.机电设备及其检测维修.北京：北京交通大学出版社，2002.
[10] 阙海阳.管路隧道式安装技术.北京：科学出版社，2004.
[11] 孙华琴，都燥国隧道.北京：中央广播出版社，2006.
[12] 刘伟强，孟美慧，李春松.机电.风力发电力发电技术.北京：机械工业出版社，2007.